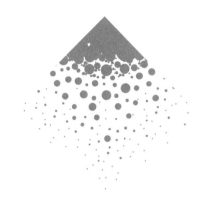

万物重构

智能社会来临前夜的思索

TRANSFORMATION
OF
EVERYTHING

韦青 著

新 华 出 版 社

图书在版编目（CIP）数据

万物重构：智能社会来临前夜的思索/ 韦青 著. --北京：
新华出版社，2018.5
ISBN 978-7-5166-4234-4
Ⅰ. ①万… Ⅱ.①韦… Ⅲ. ①人工智能—研究Ⅳ. ①TP18

中国版本图书馆 CIP 数据核字（2018）第 116855 号

万物重构：智能社会来临前夜的思索

作　　者：韦 青

责任编辑：徐　光　　　　　　　　　封面设计：异一设计

出版发行：新华出版社
地　　址：北京市石景山区京原路 8 号　　　邮　　编：100040
网　　址：http://www.xinhuapub.com
经　　销：新华书店、新华出版社天猫旗舰店、京东旗舰店及各大网店
购书热线：010-63077122　　　中国新闻书店购书热线：010-63072012

照　　排：北京正尔图文设计有限公司
印　　刷：固安县京平诚乾印刷有限公司
成品尺寸：148mm×210mm
印　　张：8.5　　　　　　　字　　数：180 千字
版　　次：2018 年 8 月第一版　　　印　　次：2018 年 8 月第一次印刷
书　　号：ISBN 978-7-5166-4234-4
定　　价：58.00 元

目录

前言

在信息爆炸的时代，层出不穷的新知识、新认知，让人们开始担心因知识的匮乏而落后于社会和他人，为此许多人开始变得焦虑不安。要摆脱这种焦虑，单靠大量的阅读，简单的学习，显然是不够的，也是无法解决根本问题的。

在第四次工业革命的背景下，在时代更迭的大潮中，想要突出重围，就应该用批判性的思维看待问题，用科学的方法解决问题。如果说科学技术是智能社会的第一生产力，那么，科学的方法就是推动社会进步最重要的动力。从古至今，从中国传统文化到西方思想，提出问题，思考问题，论证问题，最后得出结论，这种有理有据的科学方法，才是我们了解世界本质的唯一途径，也是帮我们认清问题所在，摆脱困扰的最佳方法。

在四川成都武侯祠有一副名对："能攻心则反侧自消，自古用兵非好战；不审势即宽严皆误，后来治蜀要深思"，我很喜欢这句话。因为，对于每个人来说，最重要就是具有审时度势的清醒头脑。在智能技术被过度解读的当下，只有清醒地认识智能技术，才能做到"知其雄，守其雌"，才能更好地把握时代的方向，掌握自己的命运。

古人云：苟日新，日日新，又日新。又云：周虽旧邦，其命惟新。其实自古至今，人类社会就没有停止过革新的步伐，智能社会的来临，也只是社会进步的一个台阶，最多是一个跨度比较大的台阶。要想有效地应对即将来临的变化，我们首先要解放思想，放下惧怕变化的包袱，然后不盲从，不迷信，在科学方法论的引导下，努力学习并掌握智能社会必备的基础知识。同时应具备"知行合一"的精神，不要纸上谈兵，而要做到身体力行。

本书中会介绍"云－物－大－智"（云计算－物联网－大数据－人工智能）发展次第论，并说明每一个步骤都已经或多或少进入了我们的日常生活。在附录中，我还为读者设计了一套自己动手实操的 DIY 教程，并放在 GitHub 开源网站中，让大家有机会自己动手，亲身体验"云－物－大－智"每一步环节，为迎接智能社会提前做好实际应用的准备。

在智能社会来临的前夜，我所思、所想的就是这些，和读者分享这些观点，是希望更多人能意识到智能社会已在眼前，当我们准备迈入新时代的时候，为你展开的是一幅美好画卷，还是一片惨淡未来，答案不必外寻，它就在我们每个人自己手中。

接下来介绍一下本书的使用方法。本书共分为五章，其中第一章"巨变的时代"开宗明义，介绍时代的特点和科技革命的历程，希望帮助读者理解科技发展的基本规律。

第二章"科学技术是第一生产力"则从哲学高度进一步分析为什么创新本就是社会发展的常态以及数字化的本质，从而解释清楚数字化转型（Digital Transformation）的威力与挑战和思想僵化在中国近代史产生的严重后果。

第三章"正在到来的智能社会"开始以实际案例解释实现社会智能化的"云－物－大－智"次第步骤，以及为什么只有充分依照事物发展的客观规律才能够一步一步地真正实现为人类带来福祉的智能社会。由于人工智能的复杂性，我在这一章里试图采取浅显易懂的比喻和要点总结方式，帮助读者在有限的时间里，尽快地理解人工智能的发展次第和要点。

第四章"做一个合格的地球人"则以通识／博雅教育作为出发点,强调无论是在什么时代,社会的进步和人类的发展都源于思想的开放和正确的方法,接着尝试与读者共同探讨人与机器相生相克的关系,以及人类作为一种具有主观能动性的生物在人－机关系中所应起到的不可或缺的"人"的作用。

第五章"科学家的情怀"是个有趣的章节,这其实是基于我的演讲和培训反馈专门为读者准备的。这一章试图打破大众对科学从业人员的误解,从另一个角度解释为什么科学与哲学和艺术其实是一体两面的共同体,进一步鼓励读者能够将自己培养成为"文武双全"、知识体系发展全面的科技达人。

本书的特点还体现在最后两个附录中,前面提到,我的学习方法极其重视"知行合一"的手段。我坚信理论与实践相结合的学习技巧和艺术。尤其在这个科技高速增长的年代,新兴技术层出不穷,如果读者们仅停留在表面的书本知识,很难真正理解新技术的特点及实效,因此很难在没有参考项目结果的情况下做出正确判断。因此我在附录一中设计了一个涵盖计算机工程、电子工程和机械工程的智能设备实际制作方案,希望大家能够借助这个项目的实施更好的地理解"云－物－大－智"

的次第方法和效果。启动三个工程的源代码和项目说明都可在本书的 GitHub 项目网站（网址：ecowisdom.weiqing.io）中找到。

最后，让我以我非常尊重的微软全球负责科研与人工智能技术开发的执行总裁沈向洋博士为一本书写的致辞作为附录二的注解。这本书是介绍演讲技巧的国际畅销书《说服》（Presenting To Win）的中文版，由科学出版社于 2005 年在国内出版，《说服》介绍的是全球顶尖企业的商务沟通之道，极其经典，作者杰瑞·威斯曼（Jerry Weissman）是一名难得的既有演讲理论知识，又有大量演讲实际经验的商业演讲大师，是当时世界排名第一的商务演讲教练。在此书的扉页上，时任微软亚洲研究院院长的沈向洋博士就写下了"70 年代，要么发表，要么毁灭；80 年代，要么演示，要么消亡；90 年代，要么拉关系，要么失败；新的世纪，要么演讲，要么投降"的箴言。这是每一个立志在当下的科技社会有所成就的读者都应熟练掌握的一门基本功。既然是基本功，没有扎实的功底是不行的。本书中文版已绝版，读者若有兴趣可以找一找二手书商或英文版。为了达到给读者的借鉴意义，我把我的技术培训教材附于书后，并加上每一页讲解的内容纪要和演讲技巧供读者参考。

我希望读者一方面能够参考本书成稿所借助的原始培训资料，同时如果时间有限，也可通过阅读附录二得到本书知识体系的快捷印象。

世界正在改变，科技正在发展，历史无数次告诫我们，与时俱进是我们唯一的选择，这本书想要告诉你的就是这些！能有这次机会向读者表达以上种种，是我的荣幸，同时也是我们大家的机会。我希望每一个和这本书"相遇"的读者，都能行动起来，主动把握时代赋予我们的使命与机遇！

自序

"我们很疑惑，世界怎么了？"

"一切都在改变"

……

"第四次工业革命"

……

这是世界经济论坛（World Economy Forum）拍摄的一部有关"第四次工业革命"的视频开场白（链接：ecowisdom.weiqing.io）。在这部接近十二分钟的影片中，导演向我们展示了目前人类发展面临的最大机遇与挑战，而这一切，正在席卷全球，并不断加速，影响到我们每一个人。

我至今还清楚地记得，在 2017 年 10 月 18 日上午，初秋的北京，中国共产党第十九次全国代表大会正在召开，与往年不同的是，借助先进的技术，这次报告的内容，几乎以与大会现场同步的速度，迅速传播到了全国每一个角落。

在机场的候机大厅里，我像当天许许多多的中国人一样，通过手机屏幕密切关注十九大会议的报告内容，当看到报告中关于"推动互联网、大数据、人工智能和实体经济深度融合"的相关描述时，作为一名多年从事产品与技术的 IT 业老兵，我深深地感受到了一个大时代的来临。

也是在同一天，我像往常一样，出差在外，为一批企业主管进行科技潮流与数字化转型培训，培训的主题就是本书的副标题——"智能社会来临前夜的思索"。与每次培训后的效果相同，听众大都从培训之前的"困惑与疑问"转为培训之后的"紧张与期盼"，也开始有人建议我把这份培训教材重新整理后汇集成册，供更多人借鉴与参考。这就是这个科技培训成为本书的缘起。

由于我的工作性质，使得我有大量的机会与政府官员、企业主管交流科技发展的趋势以及国家、城市、企业乃至于个人在这次数字化转型的大潮中所应采取的态度与行动纲要。在这一过程中，我发现一个普遍的现象，就是大多数非 IT 专业人士对于目前科技的迅猛发展感到无所适从，加之社会上很多媒体的炒作，又把本来很正常的科技阶段性进步，描述成一种新型的科技"神话"与"迷信"；把原本每一个机构与个人都应该认真对待和经历的学习与转型，变成对未来无谓的恐惧或莫须有的狂欢。这在平时可能并不是大问题，但在"第四次工业革命"来临之际，科技的加速发展，的确会为人类带来新的机遇与前所未有的挑战。

在这种形势下，要求人类的每个成员都需要打起精神，深刻研究，努力学习，加快转型的步伐，实在不应该也没有时间花费在无谓的精力消耗上。就像我时常在培训中与听众交流的问题："什么叫转型？那就是不转已经不行了。"不知大家有没有注意到，在社会上，有相当多的言论只关注类似于人工智能是否"战胜"人类的热点话题，而甚少言论鼓励人们少些炒作，把精力专注于转变思想，放下包袱，积极拥抱和学习以人工智能技术为代表的现代化科学技术；又或者即使有这种话题，又大都着重于立刻讲解具体的诸如编程、算法等技术方法和手段，而欠缺能够讲清楚科技发展的来龙去脉、方便大家之后学习的资料。以我在培训中的体会和个人治学的经验，如果能够了解所学事物的发展历史，往往能够极大地提高后续学习中的领悟能力和学习效率，这可能也是中国先贤们讲的"以史为鉴，可以知兴替"在科技行业的注解吧。

总之，当我看到越来越多的人，浑然不知诸如云计算、物联网、5G通讯、大数据、人工智能等新兴技术到底是怎样来的，到底会向何处去，它们之间的关系如何，它们到底是人类全新的突破，还是无数先行者努力后的厚积薄发，科技的进步与人类社会的发展究竟会产生怎样的互动？尤其当我看到越来越多的人，本来可以从容地提前学习和转型，从而有机会充分享受科技发展给人类带来的便利，却因为保守的认知，不思进取的态度，而可能成为即将到来的智能社会的"弃儿"，身为一个科学技术理念的传播者和身体力行者，总感觉有一种责任，应该花精力争取把情况解释得更加清楚和透彻些。

这种使命感，其实是我所任职的微软公司的基因。我相信很多全球知名的科技企业，也大都具备这种科技人员特有的情怀。微软公司的创始人比尔·盖茨先生关于"让每一个家庭和每一张办公桌上都有一台计算机"的企业愿景极大地推动了全球计算机的普及。微软现任CEO萨提亚·纳德拉提出的要让微软"予力全球每一人、每一个组织成就不凡"也是这种情怀的真实写照。我认识很多微软的员工，当他们功成名就之后，不是停步于躺在已有的名声和财富上，而是把自己的学识和能力投入到帮助更多的企业与个人利用科技的便利与高效，应对越来越严酷的竞争环境，或借助科技的力量为社会做出更大的贡献，这就是"予力全球每一人、每一个组织成就不凡"愿景的实际体现。

我在微软从事产品与技术推广的十余年工作中，亲身经历了从桌面计算机时代，到移动电话，再到万物互联时代的发展历程，亲眼目睹了由于强大的计算能力、海量的数据以及数据算法的突破而造就的新一轮人工智能的进步。科技的发展，终将带我们步入智能社会。但是，我们又要清醒地认识到，智能并不是无所不能的"神话"，它只是一种技术，一种工具，或者更精确地讲，它可能是人类迄今为止发明的最为高效的"赋能"工具。

过去，我们通过利用工具，延伸了四肢的能力。未来，我们将通过人工智能延伸大脑。而这种延伸，只是一种辅助，一种增强，它并不具有主观能动性，也不具备"元"意识能力，它的一切都是人所赋予的。但是，它又是一种具备"降维打击"

能力的"赋能"工具，会使拥有这种工具的人类对其他尚未拥有这种工具的人类产生"降维打击"的优势，这也是全球目前一个非常热门的词汇"数字鸿沟"（Digital Divide）的来历。但是，人们又要明白，这场以人工智能的突破为代表的科技大潮，其实刚刚拉开帷幕，尽管在媒体上已经有很多关于人工智能的话题，但人类无论是对自身智能机制的认知，还是对于人工智能的理解，还处于十分粗浅和初级的阶段。正是由于以上这些特点，那么，作为一个负责任的人类一员，在此关键时刻，与其花费精力去探讨那些人工智能是否能够代替人类，或哪家的人工智能已成为世界"第一"这种缥缈话题，倒不如立即行动，全力以赴迅速掌握这种工具的原理和最新动态，力争成为利用这种工具为人类社会发展谋求福祉的科技达人。要知道，工具始终是工具，它只会因谁掌握了这种工具而有不同作用，它会由掌握工具的不同人的不同世界观，产生对人类世界的不同结果。

对于一个快速发展的新技术，我们应该秉持理性和认真的科学态度。作为技术的追求者与信仰者，我相信随着科学技术的突破与发展，人类社会将发生前所未有的改变，而这种改变是好，还是坏？决定权不在于机器，而在于人类本身。

机器的智能化，仅仅是在能力上无限接近人，即使在某些方面，机器的能力要强于人类，也只能是通常所说的"硅基"大脑与"碳基"大脑的物理性差异，关于这点本书中会有专门介绍。当我们真正了解了智能设备产生智能行为的算法基础和计算机程序实现方法，就会更深入理解机器与人类运作方式的差异，就会明白为什么当机器在某些能力方面胜过人类，并不能说智能机器超越了人类。因为，机器无论多智能，都不会有感情，不懂得思考，不具备创造力，而人类社会，文明的进步，技术的发展，恰恰源自我们不断思考学习、不断创新的能力。

在智能社会来临之前，谨慎是必需的，惧怕与畏惧是无用且多余的。在第一次工业革命中，惧怕改变，拒绝使用新工具的人，最终被淘汰了。与此同时，掌握蒸汽机技术，适应新机器的人，却因生产力的飞跃式进步而受益匪浅。如今，在第四次工业革命的大门打开之际，在新时代的十字路口，我们应该何去何从，是选择主动拥抱，还是等待被动离场？答案不言而喻。

写这本书的初衷，一方面是想通过对科技演绎次序的说明来拨开人工智能神秘的面纱，让大家在纷繁嘈杂的吵闹声中，安心下来去认清技术的本质，看清智能的趋势。另一方面，是希望更多的人可以掌握并依据"科学方法"（scientific method），在智能社会来临之前，在心理上、在思想上、在能力上都有所准备。

最后，我想说，生在这个变革的时代，我们是幸运的。我们不仅仅是见证者，也是参与者。作为见证这个时代的"幸运儿"，我得以在此用文字，以我的视角讲述我所看到的和我所思考的，可能这一切会有失偏颇，但是，它们都是真实的，它们都是我们正在经历，或即将面对的……我希望我在"智能社会来临前夜的思索"，能够给所有读者带来更多思考与行动的力量！

第一章　巨变的时代

1.一切都在发生改变

1.1 技术在换代

古希腊哲学家赫拉克利特曾说过："There is nothing permanent except change"。正如先哲所言，唯有变化是永恒的。

改变一直在发生，而技术的发展与换代无疑是最具价值，也是最具影响力的改变之一。

18 世纪 60 年代，人类社会第一次工业革命拉开序幕，蒸汽技术把人类社会从手工业时代带入科技时代。传说中蒸汽技术的发明者瓦特，实际上只是蒸汽技术的改良者。在瓦特的改良下，人类社会有了更为便利的动力，蒸汽纺织机、蒸汽火车、蒸汽轮船的出现"解放"了人类的双手和双脚，机器也开始普及与发展。

19 世纪 70 年代，新技术与新发明不断涌现，而随着电力技术的不断改进，第二次工业革命就此展开。在这次技术变革中，我们迎来了"电气时代"，更明确的工厂分工，大批量的生产流水线，明显提升了生产力，汽车、飞机的应用也让人有机会去到更高、更远的地方。

20 世纪 40 年代，全新的科学技术革命再次爆发，航空航天、原子能、化学、电子计算机等领域都出现了巨大的技术突破。在第三次工业革命中，超乎想象的技术飞跃，推动人类社会向前跨出了一大步，人们的生活方式和思维方式也被彻底颠覆。

在第三次工业革命中，计算机与互联网技术发展所引发的改变，每个现代人都切身体会着。

计算机在发明之初，纯粹是为军事科技服务的。1943 年，为破译德军密码，英国数学家阿兰·图灵设计了第一台名为

"巨人"的电动机械式计算机。"巨人"虽然只是一台用于解码的假想计算机，但却开创了计算机技术的先河。

1946 年，第一台真正意义上的电子计算机"ENIAC"在美国诞生，这个占地 150 平方米，重达 30 吨的"大块头"，每秒可执行 5000 次加法或 400 次乘法运算。对于当时的人们来说，"ENIAC"已经相当"聪明"了。

之后，在冯·诺依曼教授的理论指导下，计算机技术实现了突飞猛进的发展，从第一代计算机到第四代计算机，再到如今，可以随时随地为我们所用的笔记本电脑和智能手机。可以说，计算机技术是人类 20 世纪最伟大的发明，它的出现延伸了人类的大脑，它的运算速度与逻辑计算能力，帮助人们实现了无数技术领域的突破。从此，人类的"碳基"大脑，开始有了"硅基"大脑这个新伙伴。

现在，我们每天都会使用计算机，可是，你真的知道我们是如何与这个"聪明"的家伙互动沟通的吗？

键盘？鼠标？触摸？语音？……

无论表象如何，由于结构的限制，电子计算机能够理解的其实只是以"0"和"1"为代表的数字开关信号，在经过一定层次的抽象简化后，变成人类赖以与计算机沟通交流的计算机"语言"。作为普通使用者，我们能够通过键盘、鼠标以人类的"语言"与计算机沟通，完全是计算机程序员的功劳。程序员通过计算机语言和算法对数据进行处理，开发出便于普通人使用的系统、软件，之后我们才能得心应手地与计算机"对话沟通"。

世界上"第一个计算机程序员"名叫阿达·洛甫雷斯（Ada Lovelace），看到她的画像你可能会感到吃惊，没错，阿达不仅是位女性，而且她还是著名诗人拜伦的女儿。为了纪念这位伟大的技术先驱，美国国防部甚至在 1980 年将一种计算机语言就命名为"阿达"。就像人类在历史发展过程中出现过许多不同的语言用于沟通交流一样，在电子计算机短短几十年的历史中，人类也发明了很多种特征各异的计算机语言，以实现不同场景、不同目的的计算机编程任务。与人类的语言一样，计算机语言其实也很难用好坏来评价，每种语言都有每种语言的特点，程序员一般都会根据需求的不同，采用相对最有效的程序语言来完成不同的工作。以本书后面所附的为了帮助读者了解云计算和智能设备关系的实训项目为例，就采用了多种计算机语言来完成最终的任务。其中包括对计算机硬件资源调度效率比较高的 C 语言来实现对智能硬件设备的编程，而针对云端数据的操作，又采用了适合数据库的 T-SQL 语言，而为了实现微软 Azure 云端的微服务程序开发，我们又使用了微软专门为面向对象编程开发的 C# 语言，最后还使用了 MarkDown 语言完成静态网页的编写。大家在本书后面会看到，我们就是希望利用这种方式，让有兴趣的读者能够对貌似高深的计算机编程能有全面和切实的体会，这也算是另一种启蒙作用吧。

在了解了计算机和计算机语言的基本理念后，我们再来看看互联网技术是如何发展的。

互联网诞生于 20 世纪 60 年代的美国军方实验室，最初只是很简单的计算机之间的网络通讯，用于研究机构之间共享传递情报。到了 20 世纪 80 年代末，一批科学家提出了万维网（World Wide Web）概念，而同时互联网传输控制协议 TCP/IP 协议组也日趋成熟 [业界惯用的 TCP/IP 名称实际上是一个协议组,命名来自其中两个最重要的协议,即 TCP (Transmission Control Protocol, 传输控制协议) 和 IP(Internet Protocol, 因特网协议)],这为全球计算机联网通信制定了统一标准。至此,互联网得以向全世界扩展。虽然互联网、万维网已经成为家喻户晓的大众词汇,但读者还是有必要理解下它们之间的关系,从而更好地体会技术的演变对人类生活与工作方式的影响。由于这些内容不是本书重点,读者可以自行在网上查找有关互联网、万维网、TCP/IP、 HTTP、IPV4/IPV6,以及域名主根服务器的关系问题,在此就不多做展开。

在第一个大规模商用浏览器"网景"诞生之后,互联网的商业化大门被彻底敲开。从此,不仅互联网企业登上历史舞台,成为全球政治、经济与文化发展的重要推手,人类的工作与生活方式也因此而彻底改变。

在计算机的发展历程中,中国学者、中国科学家可以说更像是一个旁观者。但是,在互联网的发展之初,更多中国人开始投身其中,1998 年,马化腾在深圳注册"腾讯计算机系统有限公司"。1999 年,李彦宏在北京创办了百度公司。同年,马云在杭州创办了阿里巴巴。

如今，互联网的发展规模与发展速度，已经超出当时大多数人的预料，新的技术日渐成熟，新的产品层出不穷，新的公司不断崛起……在互联网高歌猛进的当下，一切都在发生改变。在变化中，人工智能逐渐从"幕后"走向"台前"，就像隐世的高手一样，带来憧憬与希望，但又散发着神秘与危险的气息。

作为第四次工业革命的驱动力，人工智能技术将带我们去哪里？

这个问题开始让人们产生困惑，接下来本书就希望针对这些问题提供一些参考意见。

1.2 消失的行业和新兴的"贵族"

改变就是一个新事物，取代旧事物的过程。这既是一场革新，也是一场革命。

技术的发展与改变，在带来更实用、更先进工具的同时，必然会淘汰那些旧有的工具和过时的关系。在第一次工业革命中，蒸汽技术的使用，几乎改变了整个社会形态，而这种改变最初就体现在生产力与生产关系上。

当蒸汽机投入使用后，机器生产开始取代传统手工业，生产力出现了突飞猛进的进步。此时，为了更好地进行生产管理，提高效率，大型工厂被建立，掌握新技术的工人开始集中生产，就这样，一种新型的生产组织形式——工厂诞生了。

工业革命的影响最先作用于纺织业，在英国纺织工厂里，懂得如何使用机器的工人，大大加快了织布的速度，生产效率的显著提升，也让整个纺织业快速进入腾飞期。1840年左右，英国大机器生产已基本取代了传统手工业，与此同时，使用机器者和拥有机器者之间的生产关系就此形成。

高效的生产力和全新的生产关系，带来的是焕然一新的社会形态。而在新事物推动人类向前时，必然会将旧有的事物留在身后。就拿纺织业来说，那些不愿意改变、不适应改变的手工劳作者，依然固守着陈旧的工具和生产方式，而他们所创造的价值远不及充分利用机器的工厂，这就好像汽车与步行者比快慢，结果可想而知，输掉的人最终只能消失在历史的长河里。

技术的进步是强大而又残酷的，我们无力抵抗，更没有必要抵抗，而应善加利用。在机器面前，手工业者不堪一击，在技术面前，注定有行业会消失。总而言之，物竞天择，适者生存，某些行业的消失，是社会进步的需要。从哲学上讲，旧的事物必定将被新的事物所取代，所有跟不上技术发展的必将被淘汰。

在时代发展的历程中，技术的更新换代，给商业领域带来的影响也越来越显著。我们都知道，商业竞争的关键，无非是在时间、成本、质量和用户体验之间取得一个有机的平衡。技术恰好可以帮助企业降低成本，提高生产效率。更神奇的是，技术发展带来的突破，又赋予了产品更好的使用体验。所以，因为技术的更新换代，这一刻还具有价值的产品，下一刻，也许就会被同等甚至更低成本下更新颖、更便利、体验更优秀的产品所代替。

当你想听音乐的时候，你会怎么做？拿出手机，插上耳机，你马上就能沉浸在音乐的世界里。

可你知道吗？从黑胶唱盘到录音带，从 CD 播放器到 MP3 播放器，虽然音乐始终伴随着人类，但音乐的呈现形式一直随着技术的发展而改变。如今，数字音乐的出现，几乎已经让 CD 唱片退出了历史舞台。

与 CD 唱片一起消失的，还有胶片相机与胶卷。1991 年，消费数码相机出现在大众的视野，在与传统胶片相机竞争纠缠了一二十年之后，目前已将对手牢牢地锁定在历史的长河之中。但更令人警醒的是，随着智能手机摄影技术的进步，数码相机又有可能步胶片相机的后尘，很快被更加方便的手机摄影所取代。

技术的发展，让我们周围的一切都在发生剧烈的变化，我们看到旧的事物消失，我们见证新兴事物的崛起，我们还目睹了曾经的新生事物又迅速地沦落为明日黄花。这就是这个科技迅速发展的时代的特征。

微软和英特尔，是计算机时代的王者，微软创始人比尔·盖茨先生的"让每个人的桌面都有一台计算机"的愿景，彻底改变了人类的工作和生活方式。但是，如果二十年前有人告诉你，有一天手机将成为你形影不离的"伙伴"，你大概会不置可否。时至今日，如果让你一整天不碰手机，你很有可能会不知所措。没错，智能手机行业的迅速崛起，就像若干年前计算机的崛起一样，正在又一次地改变我们的生活。

随着通信技术与移动网络的发展，我们的衣、食、住、行，统统可以依靠智能手机来完成，出门打车，外卖叫餐，日常购物，生活缴费……智能手机已经成为每个人最为依赖的"伙伴"，与此同时，苹果、三星、华为等手机制造厂商，也成为商业领域的"贵族"。但是，随着以"万物互联"作为愿景的物联网技术的崛起，这些曾经的技术"革命者"，还能再辉煌几年呢？

常言道："太阳底下，无新鲜事"。当我们见证了从电传机、传真机、寻呼机、手机、计算机、智能手机的迭代变化，当我们了解了过去几百年人类所经历的数次工业革命的历程，我们有充分的理由相信我们现在所熟悉的工作与生活场景也会很快因科技的发展而再次改变，一个巨变的时代已经来临。无论是过去、现在、还是未来，社会随时在进步，改变随时在发生，要想顺应时代的潮流，避免成为新时代的弃儿，每个人都需要开始去了解改变将从哪里开始，又正在向何处演变。我想强调的是，在这个以"科技"为特色的时代，这里说的每个人，不只是学习研究技术的专业人士，真正是"每个人"，因为这个时代的科技发展，一个最大的特点就是"大众化"，英文也称作"democratization of technology"。在英文中 democritization 这个单词有民主化的意思，但在这里其本意更接近于平民化和大众化，《世界是平的："凌志汽车"和"橄榄树"的视角》作者托马斯·弗里德曼认为在目前这个全球一体化时代，有三大"大众化"特征，即技术、金融与信息的"大众化"，其中尤以技术的大众化影响最为深远，是另外两个领域大众化的基础。技术的大众化，会极大地推动普及原来仅由专业人士独享的专业知识与工具，也因此改变普通民众积极获取与掌握专业知识和技能的信心与能力。试想一下，在家中就可以通过搭建 IT 环境建成"大户室"炒股，个人在家中建立 Maker Lab（创客实验室）开发智能产品，这些从前不可想象的情景，今天已成为现实。如果作为读者的你尚未察觉这一点，最好不要相信这是不可能的，只可能说明你已经落伍了。那么我们到底应该怎么办呢？

2. 我们正在经历新一轮革命

2.1 这个世界怎么了？

"这是一个最好的时代，也是一个最坏的时代。"英国作家狄更斯这样描述第一次工业革命之后的世界。如今，我们的世界又处在类似的矛盾之中。一方面，科学技术不断突破，物质生活日益充足，人类文明似乎到了一个新的高点。另一方面，数字鸿沟、收入差距、人 - 机关系等新时代的新话题，又给我们的生活带来更多不确定性。

对此，越来越多的人感到焦虑，这个世界怎么了？

是啊，这个世界究竟怎么了？

因此，人们开始认识到终身学习的必要性，新媒体、新内容、新知识，开始层出不穷，可是无休止的随机阅读并不真正能让人们感到充实与安定。

新概念、新名词、新经济，此起彼伏，但几乎没人有时间去深究它们从何而来。

在技术的帮助下，碎片化的信息像潮水一样涌向每个人，在这些信息中，哪些内容有价值，哪些内容不具有价值，普通读者要怎么判断？事实上，很多时候，不真实或无价值的信息对我们的错误引导，已经在无形中给我们造成伤害。这就是为什么我们每天耗费大量时间阅读公众号，上知识分享网站，听有声学习节目，还是时常感到跟不上时代的步伐。

我们看到的、听到的内容越来越多，但我们对这个世界的变化始终似懂非懂。其中有一个很重要的原因，就是事变的本质与信息传播的不匹配。由于科技的飞速发展，对人类知识结构的更新提出很高的要求。以现在最流行的人工智能与区块链技术为例，本来是很正常的技术演进，但由于个别的使用场景超出了普通大众所能理解的范畴，再加上个别"专家"和媒体的炒作，反而在这个科技昌明的时代出现了大量的新"迷信"。在人工智能领域，最著名的话题可能就是 AlphaGo、AlphaGo Zero 与人类的围棋大战了。当然，AlphaGo 背后所代表的技术的确非常先进，这也是计算机的"硅基"大脑与人类"碳基"大脑协同共进的里程碑事件。但在 AlphaGo 相继打败李世石、柯洁之后，"人类太多余"这种耸人听闻的标题就开始出现。当 AlphaGo Zero 横空出世之后，"AlphaGo Zero 用 3 天走过人类千年"的话题也被媒体一再炒作。AlphaGo 和 AlphaGo Zero 的成就仿佛成为科幻电影《终结者》所描述的"天网 -Skynet"的现实背书。但事实呢？

抛开具体的算法实现机制不谈（有兴趣的读者可以自行从网络上寻找相关论文仔细研究），让我们先来看看 AlphaGo 为什么能够"战胜"人类的围棋冠军，首先，围棋作为棋类的一种，其规则是明确有限规则，也就是说它的元规则以及规则边界已由人类设定完成。它的复杂性，很大程度来源于 19×19 的棋盘构造带来的海量运算需求,而不是规则本身。其次,说到计算,AlphaGo 的围棋计算能力来自于硅基芯片的二进制计算能力和人类赋予的算法,并且由电力驱动。而人类的围棋计算能力来自于主要由碳水化合物构成的脑神经元和人类自身的意识和智慧。基于现有的脑神经科学研究成果,人类大脑的运作也是依靠神经电的驱动。从能源利用率而言,作为碳基的人类大脑可等同于一个 20 瓦左右的电器,相比于计算机的耗电量和可供消耗的电力,人类大脑的计算耗电效率远高于硅基芯片。但是人类身体所能够提供给大脑的能量有限,神经电力的产生需要依靠氧气和饮食的及时补充以及充足的睡眠,而计算机的能量可不间断地由外部供电设备提供。其实单纯从计算能力而言,人类的大脑连一个几块钱的计算器都比不过,大家可以用一个简单的开平方根的计算让人类大脑与计算器比一下(都用不到计算机的级别)。但这是没有意义的,就好像让人类的奥运会跑步冠军(无论是长跑还是短跑)与一辆汽车比赛一样。但跑不过汽车,并没有丝毫妨碍人类有能力设计生产出汽车来作为工具以提高自身的能力。同理,AlphaGo 是在人类设定好的围棋规则前提下进行学习和提高，它能够战胜人类顶级选手，其本质是机器计算能力的胜利和由算法和计算机专家共同实现的围棋算法与执行程序的胜利，与人类能够制定围棋元规则的能力属于完全不在同一个层面上的能力。也就是说，其强大能力的"第一因"，还是来自于人类。明确这一点，是要说明人类在科技发展中所起的作用和责任，就像核能的发现与利用，既可以是核电站发电造福人类，也可以是原子弹爆炸毁灭人类，其归根结底，是人类的决定在起作用。科技只是一种工具，一味地将科技神话或妖魔化，其实是主动将人类的责任和义务放弃，这反而是机器有可能对人类造成伤害的前提条件。

再来看看，通过"自我学习"，仅用 3 天时间就独步棋坛的 AlphaGo Zero。AlphaGo Zero "自学成才"的表达是不准确的。AlphaGo Zero 的学习，基于的是人类已经设定好的落子与输赢的明确规则，那种"无需人类介入即可战胜人类"的说法是有意无意地跳过了最为重要的第一步。而第一步的"元"能力，恰恰是人类独有的能力，也是人类作为具备独立思考能力的存在的重要特性。当然，在优秀的算法和强大的算力帮助下，

AlphaGo Zero 的确显示出了在明确规则前提下的强大高效计算能力和机器学习能力，也实现了现在所谓的"天下第一"。所以你看，AlphaGo Zero 的神奇，其实只是算法和算力的功劳，归根结底最厉害的是技术和站在技术背后的人。

举这个例子，是想说明在当前科技飞速发展的时代，对每一个地球人的挑战都是超越以往的。巨大变革的来临，是大概率事件。每一个不希望被变化潮流所淘汰的地球人，为了能够看清变化的本质，不为假象所迷惑，并找出适应自身条件的应对之策，不仅需要建立起终身学习的习惯，还要掌握有效的"学习"方法，养成批判性思维的能力。否则，在这个繁杂纷纭的世界里，因为看不清真相，我们只能在人云亦云的疑惑中，变得越来越焦虑。

本书的初衷，就是希望能够提出一点看法和建议，从而与大家一起更加从容和高效地迎接大时代的来临。

2.2 第四次工业革命

生活在美国的 Beverly Henderson 在沃尔玛工作了 16 年，

已经 59 岁的她目前失去了这份工作，因为，公司使用技术将她负责的工作进行了集中化处理。

Beverly Henderson 在沃尔玛的同事们，也面临着同样的困境。目前，沃尔玛已经开始用机器取代部分岗位。Cash360 是一台通过数字化方式将钱存入银行的机器，如今，全美 4700 家沃尔玛门店都已经配备一台 Cash360，数千个工作岗位因此消失。

与此同时，德国西门子公司旗下的一家产品生产基地里，以下场景正在按部就班地进行着：

生产线上，所有工件都已在虚拟环境中被安排规划，它们有自己的"名字"和"地址"，具备各自的身份信息，它们就像"自然人"一样，明确知道自己的目的地。

在生产过程中，它们将在错综复杂的自动化传输线上有序流转，它们"知道"什么时候，在哪条生产线或者哪个工艺过程需要它们。在每一个分岔路口，工件会暂停 1 ～ 2 秒，识别去向信息，然后选择所去的方向。

在加工过程中，产品的所有相关数据，都储存在自己的"数字化产品记忆库"中，以便精确追踪生产中每一个步骤。加工结束后，通过光学设备或其他测量设备可对工件自动检测，现场即可马上将不合格产品剔除。

假如有机器设备需要补给或者维修保养，提前就会发出请求，系统会记录需要使用资源的数量，并对库存进行更新。

在整个生产过程中，生产设备与计算机自主处理了 75% 的流程工作，剩余工作则由人工完成。

改变不仅发生在工厂里，在写字楼里同样的场景也在上演着：

在美国纽约 Baker & Hostetler 律师事务所里，一台名为 Ross 的人工智能律师在 2016 年开始了它的"职业生涯"。Ross 是一台可以"全身心"为雇主考虑的法律天才，他主要负责处理公司的破产等事务。和人类律师相比，Ross 的收费也较为便宜实惠。

……

正如世界经济论坛创始人克劳斯·施瓦布教授在其权威力作《第四次工业革命——转型的力量》中所论证的：第四次

工业革命正在发生。

看了前面的案例，很多读者可能会问，第四次工业革命的到来，真的是个好消息吗？毕竟，很多人的工作岗位会被机器所取代！

对此，我想说的是，的确，在第四次工业革命中，随着科技进步导致的社会自动化与智能化程度的提高，有相当一部分人类现有的工作会被机器替代，这与第一次工业革命发生时的情况类似。但是，无论是在高度自动化的生产化环境中，还是在瞬息万变的商业活动中，人类的创造力与创新能力，以及评估判断的能力非但不会被机器所替代，反而可以因机器能力的进步而得到极大的强化。但具体到个人、公司或国家的层面，到底是被机器代替，还是得到机器的强化，很大程度取决于人类对科技的态度。那么，就像在第一次工业革命发生时一样，我们是否有能力随着科技的步伐完成自身的转型，积极拥抱科技的力量，还是故步自封，拒绝与时代共同进步，这种对科技的态度，就成为我们能否适应时代变革的关键因素。

随着第四次工业革命的展开，简单重复，并无太多技术含量的体力劳动岗位，首先会被机器所替代。目前，在智能制造工厂里，机器已经成为生产的"主力军"，人已经从生产的第一线退居幕后，从事编程等更具技术含量的工作。在未来，随着技术的发展突破，更多工作将被自动化，律师、医生、金融分析师等越来越多的脑力劳动者，也将被机器所取代。

自动化机器的大规模使用，无可避免地会让一部分人失去工作。但同时，更多需要掌握机器、使用机器的岗位也会出现。所以，我们与其悲观地等待被淘汰，不如试着掌握一点新知识、新技术，去适应改变，接受改变，拥抱改变。

在时代的岔路口，会出现三种人：第一种人，怨天尤人，抱怨改变的发生，拒绝接受现实，这种人终将被时代所淘汰；第二种人，乐观向上，积极接受改变，努力适应改变，这种人总能享受进步的成果；第三种人，勇敢创新，创造新的技术，实现科技的突破，这种人将引领时代的变化。

在第四次工业革命到来之时，三种选择再次摆在人类面前。虽然大部分人很难成为时代的引领者，但是每个人都有机会成为一个积极向上、不抛弃希望、不放弃进步的人。

事实上，只要你做好了准备，你就会发现，第四次工业革命带给我们的是新的效率、新的体验、新的生活与工作方式、新的教育、新的医疗、新的能源、新的希望。让我们来畅想一下，太阳能、风能、生物能的开发，将更好地解决能源问题；生物学与基因技术的发展，将解开更多人体的奥秘；智能技术的突破，将把人类社会带入前所未有的高度文明……

其实，无论是乐观还是悲观，我们都要承认，第四次工业革命已来！

3.巨变下的思考

3.1 我们的选择：拥抱还是拒绝？

看似遥不可及的未来，正在一点点变成现实。在这种改变中，未知与不确定性带来焦虑与恐慌，往往会让一些人拒绝面对现实。然而，历史的车轮注定是向前的，它不会停滞，更不会倒退。在这场变革的最初，选择权还掌握在我们手中，是顺应时代的步伐，还是无所作为，甚至顽固抵抗？事实上，无论我们怎么选，结果已经注定。就像一百多年前的"电流之战"一样，更符合时代发展的技术最终取代落后的技术，而进步技术的发明者和推动者则被后人所铭记。

19 世纪末，一场围绕电流的战争在爱迪生与特斯拉这两位卓越的发明家之间展开。当时，成功发明电灯的"光明使者"爱迪生创建了自己的公司——爱迪生通用电气公司。在爱迪生的领导下，这家公司开始大力发展直流电业务。而籍籍无名的发明家特斯拉则更热衷交流电事业。

在爱迪生看来，高压交流电是危险的，而低压直流电是安全的。所以，他并不重视交流电技术，而是发明了低压电系统，并以此为傲。低压直流电便于使用，安全性也无懈可击，但是，它的缺点也极其明显。首先是耗材问题，直流电远程传输必须依靠大量粗铜导线进行，而当时持续上涨的铜价，也让直流电的成本高居不下。其次是覆盖面积，低压直流电系统在当时只能为方圆 1 公里左右的范围供电，这种局限性显然不利于电力的大规模应用，无法承担引领人类进入电气化时代的历史使命。

1884 年，在爱迪生大肆推广直流电体系的背景下，美国仅建了 18 个独立中心电站，而这种互不相连、独自发电的独立车间却有 378 个。很明显，低压直流电虽然能点亮电灯，但却无法满足需要高压驱动的大型工业设备。

一直视爱迪生为偶像的特斯拉，曾在爱迪生的公司为他改进发电设备。作为商人的爱迪生看到了特斯拉的价值，并答应支付他 5 万美元的报酬。可结果爱迪生却以"你不懂我们美国的幽默"为借口拒绝支付这笔钱。无奈之下，特斯拉只得离开爱迪生的公司。

在经历了爱迪生的"背叛"和创业失败后，特斯拉最终以顾问的身份加入西屋电气公司。西屋电气的创始人是乔治·威斯汀豪斯，这位成熟老辣的商人，很清楚直流电在远距离传输和大功率设备使用上的局限，所以，从一开始他就把目光放在了交流电上。在获得特斯拉的支持与帮助后，交流电系统在技术上更完善，西屋电气公司开始迅猛发展，一场颠覆性的革命也开始进入高潮。

交流电的出现，直接威胁到了爱迪生所经营的直流电生意。在利益的驱使下，爱迪生开始诋毁交流电的名声，他坚称交流电是"给公众提供的最不经济实惠的东西"，站在交流电一方的人被他称作"贪便宜的上当者和吝啬鬼"。为了凸显交流电的危险性，爱迪生甚至让雇员以公开表演的形式用高压交流电电死了一头大象。

在爱迪生的宣传攻势下，一些人站到了反对交流电的阵营中。这些人觉得交流电是危险的，可怕的。为了"防止人类生命遭受更大的危险"，甚至有人要求立法限制高于 300 伏的交流电。在这场反对交流电的行动中，动物成了最佳的"实验品"，猫、狗、牛、马相继成了展示交流电危险的牺牲品。最终，电刑被宣布用来执行死刑，将这场闹剧推向了最高潮。

交流电的发展始终伴随着争议。但是，无论是爱迪生制造的重重障碍，还是无知群众的担忧与恐惧，始终无法抵挡更加高效和低成本的交流电的成功普及。

1893 年，在美国芝加哥举办的哥伦布世界博览会上，被交流电系统瞬间点亮的会场，犹如白昼一般明亮，这是人类历史从未有过的场景。在这场壮观的博览会上，人们见到了未来城市的样子，也打消了对交流电的怀疑。

至此，"电流大战"以爱迪生的失败告终，而他的名字被从公司名中抹去。一百年后，通用电气公司与西屋电气公司依然屹立不倒，爱迪生的名字已无法与通用电气联系在一起，但西屋电气公司仍然在自豪地以公司创始人为名（西屋是威斯汀豪斯 Westinghouse 的意译）。推动"电气化时代"的技术先驱特斯拉，已经成为新一代技术实践者的偶像，另一位技术天才埃隆·马斯克甚至以"特斯拉"命名自己的电动汽车，而爱迪生"光明使者"的形象，也因这段历史而饱受诟病。

这不仅仅是一个梦想，

这是电力工程科学的一个壮举，

电力可以驱动全世界的任何机械，

不再需要使用任何煤炭或者石油，

或许，人类还没有意识到发明者的意图，

也或许，人类更希望在创新还未成熟的时候就扼杀掉，

然而，那些被嘲笑的、被制裁的、被打压的，

在艰苦卓绝的奋斗中屹立不倒，

我们的任务，是为后来者打好基础、指明方向，

没错，人类将大步前进迈向未来，

我们以不可思议的速度大步前行在无止境的空间中，

每分每秒，全宇宙都在改变，而这，就是能量！

这段话是特斯拉在人生仅有的一次演讲中说过的。正如这位才华横溢的天才发明家所言，发明与创新，总会被误解或被阻挠，但科技终将引领我们迈向未来。没错，我们已经在开往未来的列车上，结果已经注定，而过程如何就看我们自己的选择！

3.2 "不审势即宽严皆误"

成都武侯祠有一副名对，是清末民初西南名士赵藩写的："能攻心则反侧自消，从古知兵非好战；不审势即宽严皆误，后来治蜀要深思。" 1958 年，毛泽东曾在这副对联前驻足沉思良久，反复玩味其中的微言大义。这副对联，也是诸多政府领导、企业主管时常引用的管理名言。这副对联，尤其是第二句，"不审势即宽严皆误"，道尽了大变革时代人们所应有的态度和采取的方法。身处变革时代，大多数人或多或少都会主动或被动地接受转型的概念，这还不是最难的。更为重要的是如何保持清醒的头脑，认真观察与体会周围事物发展变化的规律，做到审时度势，在恰当的时间、地点，以恰当的方式成为一个不与时代脱节的人。

时代的发展，就像一台不断向上的电梯，意识到这台电梯存在的人，自然可以乘着它一直向上。而懵然不知所处环境，找不到正确方向的人，就只能落于人后。"智者见于未萌，愚者暗于成事"，在这里"智者"与"愚者"的区别不是谁比谁聪明，而是谁能审时度势地发现问题、思考问题，最后找到正确的方向和时机。

我们处在一个时刻都在变化的时代，周围的一切都在发生改变。在这种环境下，如果我们还后知后觉，完全搞不清楚状态，就只能接受被时代甩在身后的命运。相反，如果我们能审时度势地认清改变的发生，了解技术的发展方向，并根据这些做出判断，进而采取行动。那么，我们才有机会与时俱进。

在第一次工业革命中，被纺织机器淘汰的手工业者，愤怒地冲进厂房砸毁机器。完全不理解技术发展为何物的他们，最后的挣扎也是最无力的。在第二次工业革命中，全力阻击交流电技术的爱迪生与其支持者，从来就没思考过旧有技术的局限性，所以，他们只能以失败告终……

如今，新一轮工业革命正在发生。新的技术、新的产品不断涌现，传统的商业模式被彻底颠覆，人们的生活方式正在发生翻天覆地的改变。在这种巨变之下，我们更应该头脑清醒地观察这个世界，审时度势地理解驱动时代改变的知识与技术。

"时移则势易，势易则情变，情变则法不同"，在全新的时代里，人与人的关系，人与自然的关系，人与社会的关系都会发生改变。我们需要适应新的事物，熟悉新的环境，我们看待问题的角度，处理问题的方式也需要做出相应调整。

适应新的时代就好像"逆水行舟"，如果不拼尽全力向前，持续涌来的新科技就会把我们淘汰。在新时代的浪潮里，每个人都可能被淘汰，每个行业都可能会消失，每家企业都可能失败，每个国家都可能落后。但是，挑战与机遇总是相生相伴的。所以，我相信能够审时度势，适应时代发展的每个人都有机会与时俱进，享受新时代的"机器"红利。

为了适应时代的发展，每个人都需要调整心态，储备技术知识，所有不想被淘汰的行业与企业同样如此。在新的时代中，无论是传统制造业，还是新兴的互联网企业，同样面临转型的问题。所有无法把握技术方向，无法实现创新的行业与企业都将成为过去式。现在如日中天的互联网宠儿，如果不能够随时与时代同步，依旧会重蹈也曾经如日中天过的摩托罗拉和诺基亚的覆辙。微软公司是唯一一家在过去二十年间始终屹立于全球上市公司市值前五名的企业，这与公司创始人比尔·盖茨先生一直主张的微软公司只有十八个月的生存机会不无关联。无论多么优秀的企业，一旦故步自封，一定会有更新、更优秀的企业将它们抛在身后。

4.遇见智能社会下的自己

4.1 因为快乐，所以工作

在智能社会，新的技术将带来新的工具，就好像第一次工业革命把手工业者的手摇纺纱车变成自动纺织机一样。在第四次工业革命中，机器智能、物联网、增强现实、数字孪生等技术的发展突破，也将赋予我们超乎想象的新工具。

面对未来，感到不安与恐惧的人，经常会问自己：我能掌握新的工具吗？我能适应新的工作吗？与工作相关的焦虑几乎成为大部分人的困扰。为了让大家更清楚了解未来的样子，微软每隔若干年，就会汇集全球顶尖的创意团队，结合微软内部的产品专家，推出表现未来生产力愿景的概念视频，最近的一期视频名为 Future Vision（未来愿景）（链接：ecowisdom.weiqing.io）。让我们通过影像看看微软为我们展现了一种什么样的工作场景：

Kat 是一位自由职业的海洋生物学家，Lola 是一位正在寻找海藻养殖专家的企业主管。

在海底水下世界，增强现实技术，3D 全息采样技术，无线物联网技术，增强了 Kat 对海洋环境与海洋生物的认知，创造了物理空间与虚拟空间的无缝融合。我们可以看到，Kat 在海底世界采集的 3D 海洋生物数据，一方面可以与云端历史数据结合，通过人工智能分析建模，再以增强现实的方式将虚拟数据模型与现实海底场景融合，帮助她实时分析海洋情况并做出现场决策。同时，实时采集的海底生物数据还被同步上传到物理世界的教室中，实现了远程物理世界与虚拟物体的自然交互。在教室里，老师和学生则把 Kat 传回的海洋生物虚拟建模数据通过 3D 打印技术再还原为真实的 3D 模型，并且通过无处不在的显示屏幕，无缝连接地上传、下载、操作文档，进行相关学习和研究。

任务完成后，Kat 来到一个山清水秀的茶馆里，无处不在的感知技术加上人工智能技术让智能茶馆立刻帮助 Kat 点好饮品。在等待上茶期间，Kat 通过无线互联网技术、人工智能技术、自动翻译耳机、可折叠柔软屏、物联网传感器和多媒体技术，与遍布全球的虚拟合作团队成员共同讨论论文报告内容。在讨论中，他们既无时空障碍，也无文字、语言障碍，可以轻松分享彼此观点。最后，Kat 在柔软屏上完成并实时发布了一份数据翔实、充满互动内容的多媒体论文报告。

在现代化的办公大楼里，Lola 通过无处不在的人机交互界面，依赖大数据与人工智能技术，实时挑选全球最优秀的海洋生物专家。在数字助理的帮助下，Lola 与信息有了更直观的交流。通过大数据分析和数据展现技术，Lola 最终将项目任务分派给了尚在休假中的 Kat。

此时 Kat 已经来到了日本，正在通过智能手表在时装店采集喜爱的和服时装图样。当收到 Lola 的邀请后，她只需简单的手势即可接受邀请，然后智能手表马上通过云计算能力重新为她安排日程，并帮她预定了一个附近的共享智能工作空间。Kat 利用她的智能手表租用共享单车，通过自动行程导航功能来到智能共享空间。此时她的智能手表又转化为智能钥匙，打开了专门为 Kat 准备的工作空间。此时，智能工作系统已根据它的个人爱好和项目需求，将项目资料轻松快捷地转移到新的智能工作平台，至此，她已经轻松拥有了一个与她在自己的办公环境中一模一样的办公平台，可以立即投入与全球项目伙伴的远程联合办公。同样的，在这个智能平台上，全球的顶级专家无需考虑语言与地理空间的局限性而进行无缝的实时办公和交流。

此时的 Lola 在做什么呢？她有一个年迈的父亲，通过智能技术与设备，她能够做到工作生活两不误。在家里与 Kat 实时交互的同时，家里的智能冰箱为她显示出她刚刚喝下的鲜榨果汁的营养成分，家中的智能魔镜为她显示出远方的父亲正在高兴地试穿女儿为老父买的智能球鞋，智能魔镜不仅能够实现

Lola 和父亲的实时沟通，还能同步采集球鞋数据并显示大数据医疗服务的结果。

再过了几天，休假归来的 Kat 来到 Lola 所在公司的实验室。智能全息会议系统感知到 Kat 与团队成员的到来，立刻为他们安排相应的工作空间。在工作中，数字屏幕创建的智能多用户全息环境，让 Kat 能够与团队成员一起无缝办公。通过增强现实技术，远在他方的 Lola 的全息影像，像真人一样"出现"在实验室里，与团队成员进行立体互动，探讨海藻养殖的最佳方案。

最后，经过数字化虚拟建模和智能机器人的实时数据采集，证明了 Kat 的方案跟实际需求相符，整个项目工作顺利结束。

Kat 与 Lola 的工作场景，是微软对未来工作的愿景与预期。需要强调的是，影片中展示的所有技术都已由微软实现，唯一区别在于有些技术已转化为商品上市，有些还是实验室孵化项目。在未来若干年后，这一切都可能变为每一个人的现实。在这段充满未来感的影像里，我们看到，技术的发展并没有让人类被彻底"替代"。相反，科技的进步，反而给人类的工作提供了更多辅助与支持,同时提高了人类的办公效率与生活品质。

了解了未来工作的可能模样之后,我们应该明白,真正决定我们职业未来的,是我们是否具备新时代需要的知识与技术。当智能化的工具变得越来越无所不能时,能否灵活自如地使用它成为职业成败的关键。

在未来社会,一个对编程、数据、机器人一窍不通的人,就像两百年前不会操作蒸汽机,一百年前不会操作电机,现代社会不会使用电脑的人一样。其实,未来并不遥远。现在,我们每天都会使用手机、电脑,但没有人意识到这些工具已经是我们通往未来的入口。智能机器、智能技术的相关内容和产品,已经能通过智能手机、电脑来阅读与体验。人工智能已经慢慢地融入我们的生活。以智能助手为例,就在现在,打开电脑与手机,你已经可以通过诸如微软"小娜"与"小冰"这样的人工智能助理,来解决生活中的一些问题,开始切身接触语言图像识别技术,体验最前沿的人工智能产品,而你所要做的,只是打开应用商店,下载一个智能应用而已。

著名艺术家罗丹说:"工作就是人生的价值,人生的欢乐,也是幸福的所在。"在智能社会里，工作依然是人类价值的体现，只要我们持续学习新知识，学会掌握新技术，工作形式会改变，但适合人类的工作不会消失，工作依旧是一种欢乐，一种幸福的所在。

4.2 智能＋医疗＝更多希望

人类文明在工业革命之后取得了日新月异的发展，但现代医学，依然有许多难关有待突破，我们的大脑与生命依然蕴藏着一个远未探知的世界。在新时代中，智能技术在医疗领域的应用会把人类带向何方？这已经不仅仅是一个医学话题。

历史上，科学领域的许多发展在某种程度上都与医疗行业密切相关。物理学家在光学与原子领域的研究，带来了显微镜与 X 射线透视技术。为宇宙飞船设计的医疗室最终演变成现在的重症监护病房，化学与药品更是存在着密不可分的关系。那么，智能技术的研究与发展，又会让医疗行业发生哪些改变？从微软工程师张海燕与帕金森症患者 Emma 的故事视频中，你或许可以看到一些端倪（链接：ecowisdom.weiqing.io）。

Emma 原本是一个生活在英国的普通女孩，她活泼热情，有一份不错的设计师工作。29 岁那年，Emma 的右手开始不听使唤，她的手"有了自己的思想"。2013 年，Emma 被确诊患有帕金森症，行动障碍让她失去了自己职业最重要的两项能力——写字与勾勒线条。

不幸的 Emma 并没有放弃希望，从确诊那天起，她就开始寻找各种药物以及治疗手段，最终，通过 BBC 节目，Emma 在微软研究院遇到了张海燕。

张海燕是微软在剑桥的研究员，被 Emma 经历激励的她，花了几个月时间研究帕金森症。最后她发现，帕金森症患者会震颤的原因在于，大脑会在不受控制的情况下向肌肉发出额外的信号，从而引发混乱的内部反馈回路，致使肌肉产生恐慌性反应进而导致各种不受控制的动作。张海燕通过"震动对抗"的方式，对手的震颤进行干扰，屏蔽大脑与手之间引发震颤的反馈回路。在这一原理下，一款为 Emma 量身打造的可穿戴设备——Emma Watch 诞生了。

张海燕捧着装有 Emma Watch 的礼物盒，双手微微颤抖，她希望这份亲自发明的礼物能正常运行。如果她的发明成功了，Emma 的人生将被改写。也许，之后还有更多人的命运会因此改变。

"天哪，上面有我的名字"，微笑着拆开礼物的 Emma 激动地眼中含泪。带上 Emma Watch 的那一刻，她感觉时间停止了，她不知道是否会有效果，她开始试着写下自己名字的字母。随着右手的震动逐渐减弱，在事隔多年以后，Emma 又一次能够整齐地写出了自己的名字。在电话里，Emma 哭着告诉妈妈，她又可以写字了。

在遇到 Emma 之前，张海燕只是一个单纯的科技研发者。在看到技术让 Emma 的生活变得更好，更有希望后，张海燕感受到了科技真正的力量。现在，她正在与专家合作开展新的项目——Project Emma，她希望会有更多帕金森症患者的生活，可以因技术而得到改善。

Emma Watch 做到了，虽然它没有彻底治愈帕金森症，但是，它可以帮助帕金森症患者管理症状。在全球有一千多万帕金森症患者，张海燕的跨界研究，让他们看到了除了药物治疗以外有可能摆脱病痛折磨的新希望。

未来社会的医疗将被智能技术改写，这是显而易见的。在 Emma 身上发生的一切，还会不断涌现。随着技术的突破，大脑与身体蕴藏的秘密，将被一一破解，癌症、艾滋病，甚至瘫痪都将被一一治愈。我们可以想象一下，当人类身体的病症都被治愈，当绝症消失之后，我们的世界将会是什么样子。

4.3 你知道智能社会的样子吗？

在智能社会中，技术将赋予我们更高超的能力。"人类"这个自然概念，也会发生改变。什么是自然，什么是人工，将变得越发难以分辨。人类的大脑是已知宇宙中最复杂的物质排列组合，在技术的帮助下，我们会变成超级人类吗？

在第四次工业革命中，数字技术与物理和生物系统能够有机融合在一起，而这让我们有机会把大脑活动视觉化，通过脑电波监测装置，我们将以一种过去完全不可能的方式了解自己。可以说，我们有机会解开人脑的"黑匣子"，成为全新意义上更智慧更高远的人。

在智能社会中，人们会建立新的经济模式，新的社会体系。在地球承受能力之内，生活将更加公平，人类的福祉将被最大化。在智能城市中，人们将进入一种高度便捷、高度自由的生活状态：

每个清晨，人们一如既往地洗漱打扮，不同的是，镜子不仅可以看到自己的形象，还会显示你今天的健康状况，日程安排，展示道路交通状况和附近餐馆的早餐售卖情况。洗漱完毕，热腾腾的早餐已经做好。人们边吃早餐，边从屏幕墙上浏览最新的信息，财经新闻、娱乐报道、天气预报尽可一览无余。

外出时，人们的智能助手会选择一条最顺畅的交通路线。如果不想自己开车的话，只要告诉智能语音助手，它就会为你呼叫共享汽车。整个城市的智能环境，将全面实现自动化和智能化，人们每天在城市里生活、工作，但却不用忍受城市交通的拥堵和环境污染的状况。

人们外出就餐、看电影，甚至去医院看病再也不用提前排队了，智能电子助手会提前与餐厅、影院或者私人医生进行预约。忘掉结婚纪念日，不记得给孩子买生日礼物的情况再也不会发生，智能电子系统会自动帮你购买鲜花、礼物，并及时对你进行提醒。

在智能社会中，塑料制品已经被完全摒弃，生物技术的突破，让人们能够利用自然生物设计产品和制造零件，潜在有毒物质已经被彻底抛弃。人们的目标已经不再是减少破坏，而是建立一个拥有清洁空气和水、清洁土壤、清洁能源的世界。

随着太阳能、风能、核能、生物能的技术突破，人们可以更好地应用这些清洁能源，而化石燃料则成为过去式，新的能源网络，能够稳定、高效地为全球供应能量，人们的生活方式和经济的增长完全摆脱了资源的限制。

在智能社会，人类可以摆脱绝大多数烦琐危险的体力劳动，智能机器在生产线上工作，人类则只负责给机器提供已配置好的常规任务外的新增指令。虽然机器极大地改善了整个工作流程，但它并不是万能的。有些工作还需要人来完成。传统的建筑业、服务业、公共健康、教育业依然存在，只是人们工作的方式变得不再一样。

从古至今，人类一向擅长利用工具，这也是人类与其他动物不同的最重要特点，是人类在地球上赖以生存和发展的基础。在新的社会形态下，智能技术与智能机器就是新时代最好的工具，通过对它们的利用，人类的能力将得到前所未有的增强与突破。

在智能社会，技术的突飞猛进势必会发生，人类需要考虑的是以何种方式，让技术以我们承受得起的价格被推而广之地公平应用。只有当我们掌握技术、应用技术之后，技术才可以改变结果，才可以赋予人们力量，才可以推动现实更公平、合理、安全的增长，这是世界所需要的，也是智能社会即将为我们呈现的。

第二章 科学技术是第一生产力

1.从 STEM教育说起

近年来，曾经被认为"非主流"的科学教育逐渐变成了热门领域，STEM 教育也越来越多地被提及。我们先来看看什么是 STEM 教育，STEM 是一种综合性跨学科教育模式，其中，S 代表科学（Science）、T 代表技术（Technology）、E 代表工程（Engineering）、M 代表数学（Mathematics）。

20 世纪 50 年代，美国科学教育学者提出：提高国民科学素养是提升国家综合实力的关键。在科学素养的概念下，代表科学、技术、工程、数学的 STEM 教育诞生了。之后，又有学

者提出在 STEM 中加入人文（Arts），或者阅读（Reading），
于是，就有了现在的 STEAM 或 STREAM 教育。

国际社会有一个普遍认知，那就是一个国家的综合实力取决于创新能力，而创新能力取决于新生劳动力的创新水平，那么，谁将成为新生劳动力呢？学生，从幼儿园到大学，每个接受教育的学生都是新生劳动力的储备力量。为了培养学生的创新能力和创新水平，历届美国政府无一例外地都对 STEM 教育表达了支持。就在 2015 年，奥巴马政府的财政预算中，有 1.7 亿美元是投向"培养下一代创新者"的 STEM 领域。

在国内应试教育的大环境下，STEM 教育起步较晚，但随着相关政策的支持，STEM 教育的发展也迎来爆发期。很多人曾经问过我，中国的 STEM 教育和美国的 STEM 教育有什么不同？下面这个小故事，虽是笑谈，或许也能回答这个问题。

据说，美国政府为了了解中国快速发展的原因，派了一个专家团到中国调研 STEM 教育的发展情况；中国政府听说美国大力提倡 STEM 教育，也向美国派出了一个考察团。结果中国

考察团发现，美国科技教育领先中国很多，是因为美国学生从小就注重动手实操。而美国考察团也很紧张，因为他们发现中国 60% 到 70% 的大学专业都集中在 STEM 四大领域。

这个小故事并不是空穴来风，它确实反映了中美两国在 STEM 教育上的差异。在美国，对学生进行方法论和实操方面的培育是从很小就开始抓起的。而在中国，STEM 教育主要是放在高等教育阶段进行，更注重理论和认知的学习。

在中国传统教育体制下，对学生考试能力的强化远大于对动手实践能力的重视。而 STEM 教育，不仅意味着对科学现象和科学知识的认知，更强调动手和实操能力。我们应该明白，学习 STEM 不是为了就业，也不是为了考试，而是为了培养一种能力，一种对未知探索的能力，一种归纳和演绎的能力，一种批判性思维的能力，一种能让我们适应智能社会所必备的创新和生存能力。

STEM 教育是对未来主人翁的教育，所以，我们有责任也有义务，把 STEM 教育做好。无论是政府，还是企业都应该把

STEM 教育的发展当做一件意义深远的事情来看，都应该投入更多的信念与情怀。

英国 BBC 广播公司就是一家很有未来"情怀"的公司，为了培养英国学生对科学知识的掌握能力与创新能力，BBC 广播公司通过与教育部门的合作，延续已经成为教育电脑传奇的 BBC Micro 的精神（BBC Micro 是由 BBC 为了在年轻人群中普及计算机科学而自 1981 年起发布的教育电脑，曾经风靡一时，并成为早期创客文化的先锋代表），从 2015 年开始，以免费赠送的形式为近一百万英国七年级学生发放了一款开源硬件产品 micro:bit，并联合诸如微软、ARM、Nordic Semiconductor 等国际知名科技企业和大学，共同为学生们打造简单易用，同时又丰富多彩的计算机教学资源与编程环境。这个项目甫一推出，就受到了社会的热烈推崇，这股热潮，迅速从英伦半岛蔓延至全球。BBC 广播公司的这一举措，将对整个英国的下一代教育产生深远的影响，能够帮助国民更从容地面对未来智能社会的机遇与挑战。同时，我们看到中国也有越来越多类似的企业出现，积极投身到对祖国下一代主人翁的培养，这会对整个国家的数字化转型与国民的数字化素质的提升产生巨大的推动作用。

在此我还要强调一点，那就是，科学教育是一种探究性教育，在学习科技知识、培养创新能力的过程中，如何打破科学之间的壁垒，冲破分科教育的局限，在某种程度上决定了我们对未知世界理解的广度和深度。所以，无论是学习 STEM，还是研究科学技术，都不应该限制在某一个科学领域，不应该有文、理、工的桎梏，而是应该冲破分科的局限性。只有如此，我们才能掌握跨学科解决问题的办法，做到融会贯通，建立起真正的创新思维和科学素养，因为我们所面临的世界是丰富多彩，不分文理的。

说到这里，读者可能会问，这么咬文嚼字的探究 science 的本意，与我们所要了解的智能社会有什么关系呢？大家要知道，目前人类面临的最大的挑战，就是基于过去历次工业革命的成果而建立起的传统知识体系（也包括构成传统知识体系的教育体系）已经越来越无法帮助人类有效地应对即将到来的智能世界的挑战了，那么我们就有必要溯本求源，重新回顾一下现代知识体系建立的过程，以理解为什么需要开始强调通识博雅教育的重要性了。

2.被误解的"科学"

纵观中华文明五千年历史，你会发现，虽然我们有科学与技术文明，但是我们并没有"科学"这样一个词来总括天文、地理、数学等学问。在古文献中偶尔出现的"科学"字样，指的也是"科举之学"，其意思与我们现在对"科学"的理解可谓相去甚远。中国传统上将所有知识获取，统称为"学"与"问"的过程。"科学"一词是对英文 science 的翻译，其最早源于拉丁文 scientia，意为"知识""学问"。Science 一词在中国的翻译过程，也从一个侧面体现了现代知识体系在中国生根发芽的艰辛与挑战。

早在明末清初，传教士把西方学术带到中国时，徐光启用"格物致知"来翻译"自然科学"，也就是后来的"科学"。至中日甲午战争以前，许多科学书籍多冠以"格致"或"格物"之名。

日本明治维新初期，日本思想家福泽谕吉和西周把 science 译为"科学"，也就是"分科之学"的意思。到 1893 年，康有为引进并使用"科学"二字。当时，同样致力于打开国人眼界的严复就对中国学者大量采用日译西方词汇提出了严厉的批评。他认为这种着眼于日译词汇的做法实际上完全偏离了汉语本来的意思，而最初严复在翻译 science 时，就坚持译为"格致"之学。而在五四运动时期，根据 science 的音译"赛因斯"，又有了赛先生的说法。但遗憾的是，最后这些翻译都被淘汰，日译名词成为了最后的胜出者。

可以说，日语以"科学"翻译 science 并不科学。因为，science 本来并没有分科的意思，"分科之学"更偏向另一个词：discipline（学科）。日本学者在翻译时，其实只是抓住了西方科学发展的某一个时代特征，那就是，自 19 世纪开始科学进入专门化、专业化的时代，天文、地理、生物以及数、理、化开始走向各自独立发展的道路。很明显，当时将 science 翻译成"分科之学"时，译者对其理解是片面的，并没有切中 science 的本意。相反，中国学者以"格致"来诠释 science，本是神来之笔，但可惜当时国民自信心普遍不足，反而走上了一味跟随的路线，把对 science 的理解，从"格致"转为"分科"，后来者也只好将错就错了。

那么，科学的本意究竟是什么呢？科学是人类探索与记录真理的知识体系。凡是真理，都属于科学探索的结果。科学理念的精华，大部浓缩于被称为"科学方法"的方法论体系，在英文中称之为 Scientific Method。尤其强调实事求是的精神以及批判性的思维方式，以我个人的观察与体会，如果大家都遵循科学方法论，其基于实证与批判性思维的思索过程，已能帮助大家解决很多工作与生活中的难题。只可惜，越是经典有效的东西越简单，也越不花哨，在这个眼花缭乱的世界里反而成为了稀有之物。

中国传统文化所推崇的"格物致知"，与西方的科学精神非常契合。格物，就是对客观存在事物进行研究分析；致知，则反映了人类永无止境的目标，也就是获得知识，并将知识运用、传播与发展，让知识的作用发挥出来。由此可见，"格物致知"对"科学"的解释，更为准确，也更能彰显科学的实质精神。

而把科学误解为"分科之学"，让科学被细分为各种不同领域，物理、化学、数学、地理……科学知识之间的界限越来越明显，我们学习科学知识也越来越像盲人摸象。事实上，科学应该是一门系统全面的学问，只有突破科学的局限，才能全面正确认识事物的本质。

在文艺复兴时期，达·芬奇不仅在绘画领域有所成就，同时在科学乃至工程技术方面也取得了巨大突破，达·芬奇是从来不会把自己限定为文科生或理科生的。而伟大的文学家歌德，同样也为自然科学的发展做出了杰出贡献。今天，我们时刻都离不开的 CDMA 和 WiFi 技术的发明者海蒂·拉玛，不仅是一位发明家，同时也是一位好莱坞女演员，一个投身演艺世界的艺术家。之前介绍过的世界上"第一个计算机程序员"阿达·洛甫雷斯（Ada Lovelace）把自己的研究方法归类为"诗意般的科学"（poetical science）。很明显，当科学是"知识"，而不是"分科之学"的时候，人们才能没有束缚、没有界限地探索世界，才有机会在不同领域创新，在更多领域取得突破。

　　我们现在所理解的科学，慢慢地脱离了科学的本意，越发受制于为分科之学的禁锢。这是西方历史悠久"科学"的"末"而不是"本"，而我们现在要做的，就是由这个"末"回溯科学的"本"，因为，只有真正理解科学的本质，才能在科学道路上走得更远。

3. 中国传统文化与"科学"的碰撞

3.1 从"格物致知"到"科学"

前面我们已经提到，"科学"这一概念在中国古代是并不存在的，"科学"一词的流传是近现代才开始的。但是，"科学"在中国近现代的形成，又与儒家文化的兴衰密切相关，可以说，"科学"与儒家的"格物致知"有着很深的渊源。

"格物致知"出自《礼记·大学》："欲诚其意者，先致其知；致知在格物，格物而后知至。"这篇文章论述的是"修身"与"齐家""治国""平天下"的关系，"致知在格物"的命题也就此被引出，但其具体意思并没有明确解释。在接下来的几千年中，历代学者对这段话的解读可谓众说纷纭。

从宋代理学家程颐开始，"格物致知"已经被当做认识论的重要问题讨论。程颐认为"格犹穷也，物犹理也，犹曰穷奇里而已也"，就是说，格就是深刻探究、穷尽，物就是万物的本原。关于"格物致知"的做法，就是"今日格一件，明日又格一件，积习既多，然后脱然自有贯通处"。在这个从逐渐积累到豁然贯通的过程中，就含有人类认识的一些合理观点。

朱熹在程颐思想基础上，提出了系统的认识论和方法说。朱熹说"知在我，理在物，这我、物之别，就是其'主宾之辨'"，他的观点是，认识主体和认识客体的方法就是"格物致知"。朱熹认为"格物"就是要穷尽事物之理，"格物"的途径很多，上至无极、太极，下至微小的一草一木，皆有理，都要去"格"，"物"的理穷得越多，"我"知道的也就越广。由"格物"到"致知"，有一个从积累有渐到豁然贯通的过程，而这一过程，人们必须经过由表及里的认识，才能达到对理的体会与认知。

朱熹的"格物致知",是从"格物"中探索自然知识,成为格自然之物的实践者。这实际上也是为"格物致知"发展到"科学"开辟了道路。

我们不能否认,在中国,"科学"概念的出现与西方科学的进入有着密不可分的联系。但是,我们同样不能否认的是,以"格物致知"为基础的中国理学确实包含了科学的内涵。也许,这就是中国宋元时期,科学发展能够达到古代科技巅峰的原因所在。但遗憾的是,原本积极主动的儒家"格物致知"精神,慢慢被渐趋腐朽而丧失中华传统文明活力的"腐儒"所替代。此时,又恰好赶上西方接踵而来的文艺复兴、启蒙运动和工业革命,从而使中国的"格致之学"与现代的科学体系渐行渐远。如果从徐光启提出"格物穷理之学"的概念算起,到 19 世界末"科学"一词的出现,中间历经了 300 年,而中国的科技也在这段时间不断衰落。

3.2 "知行合一"与"科学方法"

对于"格物穷理"的"理",明代王阳明的解读与前人又有很大不同，他把"理"从客观的外在事物转向人的主体意识，在"心无外事，心无外理"的基础上，王阳明把"格物"理解为"格心"。既然"理"只有一个，且就在心中，那"知"就是"行"，"行"也就是"知"，王阳明"知行合一"的观点就此形成。

"知行合一"中的"知"指的是科学知识，"行"则是人的实践行动。"知行合一"的意思就是，认识事物的道理与现实中运用此道理是密不可分的一回事。可以说，"知行合一"是对"格物致知"的一种深化与延续，"格物致知"要求研究事物而获得知识，"知行合一"则告诉我们要切身体验事物而后获得道理，以达到体验与知识结合统一的高度。

如果说"格物致知"是对"科学"的最佳解读，那么，"知行合一"就是对科学方法的最好诠释。为什么说"知行合一"是一种方法论呢，这点要从它的内在逻辑谈起。"知行合一"的逻辑就是，当我们对一定的客观事物有了认知后，就会有一个基本的价值判断和一些原则的遵循，在动机形成并具备行动条件之后，行就会随之产生。在"知行"深入的过程中，会用到各种方法、具体实践或者工具等内容。由此可见，"知行合一"就是中国传统文化所探索出的科学方法论。

前面已经说过，"科学方法"，虽然只有简单的四个字，可它却代表了一门深刻且重要的学问。简单来说，这门学问研究的内容体现在三个方面：发现问题、分析问题、解决问题。整个流程是从观察自然世界开始的，人们天生好奇，所以，经常对看到的或者听到的事物提出疑问，人们经常提出关于事物为什么是这样的假设。之后，人们又用各种方法对假设进行测试。而对假设的最有力的检验则来自于收集数据和基于数据的严谨实验。根据测试得出的结果和预测情况，人们又会对最初的假设做出细化、修改和扩展，甚至否定拒绝。当一个特定的假设得到很有利的支持时，就可以发展为一门理论。

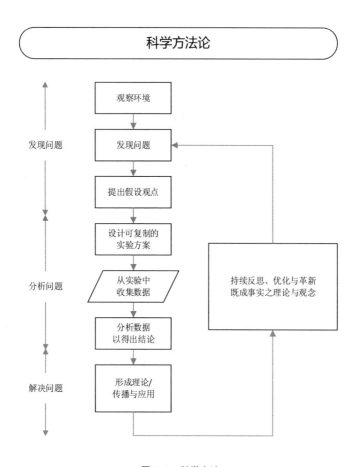

图 2.1　科学方法

　　科学的方法过程包括假设，并在其中做出符合逻辑的预测推理，然后根据这些预测进行实验与观察。"假设"是一个基于寻找答案过程中建立的前提知识，这个假设可以是具体的，也可以是宽泛的。然后，科学家通过实验或者研究来检验假设。

一个科学的假设必须是可证伪的，这就意味着通过一个实验或者观察，从假设推导出的结果可能与预测有冲突。否则，也就失去了测试的意义。

科学的方法可以用来检验一切事物，如果我们都掌握了这种方法论，我们就不会被"吃绿豆""喝红茶菌"这种传言所迷惑。同样的，当我们再听到类似"机器已经战胜人类""人类将被人工智能灭绝"的消息时，只要用科学的方法思考一下，就会知道什么是真相，什么是胡说八道。

由于缺乏科学方法论的基础教育，如今，还是有很大一部分人会盲目地相信自己看到听到的一切，而不习惯于通过自己大脑的分析来判断所听所见的真伪。盲从往往只会让我们离事情的本质越来越远，在目前这个时代尤其如此。要建立科学的方法论，需要有批判性的思维，而批判性的思维，基于的是提出问题的能力。在历史上，古希腊哲学家苏格拉底是以善于提出问题来引导学生找出思维漏洞而闻名的，人们甚至以"苏格拉底方法"命名一种提问的方式，读者可以自己从网络上寻找资料学习，在这里我要给大家推荐一个更为简单，但又非常有效的方法，看看是否可以对大家建立以提问为基础的思维方式有所帮助。这个方法称之为"5问法"，也叫5 Whys Method，这种方法最初是由丰田佐吉提出的。20世纪，日本丰田汽车公司又凭借"5问法"成为一家优秀而伟大的企业。"5问法"的基本原理就是"科学方法"，接下来通过一个小案例，让我们来看一下"5问法"的实际应用。

有一次，丰田汽车公司前副社长大野耐一发现一条生产线上的机器总是停转，停转的原因都是因为保险丝烧断了。虽然每次工人都能及时更换保险丝，但是，没过多久保险丝又会被烧断，而这严重影响了整条生产线的效率。也就是说，简单地更换保险丝并没有解决根本问题。于是，大野耐一就与工人进行了以下的问答：

问题一：为什么机器停了？

答案一：因为超过了负荷，保险丝就断了。

问题二：为什么超负荷呢？

答案二：因为轴承的润滑不够。

问题三：为什么润滑不够？

答案三：因为润滑泵吸不上油来。

问题四：为什么吸不上油来？

答案四：因为油泵轴磨损、松动了。

问题五：为什么磨损了呢？

答案五：因为没有安装过滤器，混进了铁屑等杂质。

经过五次连续不断地追问"为什么"，最终才找到问题的所在和解决问题的方法。也就是，要在油泵轴上安装过滤器。如果没有这种追根溯源的精神来发掘问题，那么，工人只会像往常一样，只是更换保险丝简单了事，真正的关键问题永远得不到解决。

"5 问法"有着非常广泛的应用，我们在这里就不一一展开了，有兴趣的读者可以自行网上搜索。在这里只是想强调一点，当一个问题出现时，如果不多问几个"为什么"，我们很有可能只是解决了这个问题的表面症状，并没有发现和解决问题的本质。同样的，对于社会上流行的观点，如果只是简单地全盘接纳，而不经历一遍基本的"5 问法"流程，我们是否可以确保能够真正把握事实的真相呢？

所以，当问题发生时，我们最好多问几个"为什么"，通过系统的思考，看到问题的整体，才能从根本上解决问题。而这才是每一个人应该掌握的"科学方法"。当一个国家的国民大都具备了这种对科学方法的认知并依此付诸行动之后，这个国家的发展就会更有希望了。

4.科技力量的本质

4.1 数字化的内涵

我们生活的时代，是一个科技的时代，同时也是一个信息的时代，以科技与信息相结合为代表的数字化浪潮正在对我们的经济、文化和生活产生巨大而深刻的影响。过去几十年，通讯领域和计算机领域的迅猛发展，其引发的互联网和移动互联网革命，以及当下最流行的智能革命，其本质都是在利用数字化技术提高人类社会的效率，以此降低社会成本和提高人类的生活品质。

提起数字化，人们最先想到的就是数字音乐。的确，我们每个人都是数字音乐崛起的见证者，从磁带到 CD，从数字播放器再到智能手机里的音乐应用平台，大家是否想过，是什么驱动我们不断改变音乐的消费形式？其实无非是这三个要素的综合作用：第一，效率的提高，第二，成本的下降，第三，使用的便捷。而这正是数字化技术的核心优势，也就是数字化技术的本质所在。

那么，我们要如何更好地理解数字化的本质呢？举个例子，假设一个杯子可以装下 10 颗一定大小的石子。如果我们把石子打成粉末，那么同样的杯子可能就会装下相当于原来打碎前的 20 颗，或者更多的石子。如果打成了更细粒度的纳米粒子呢？同样的杯子，可能能够容纳之前几十倍，甚至上百倍的物质。简而言之，就是物质的颗粒度越小，在容器容量不变的前提下，可容纳的物质数量就越大。也可以说，在没有改变容量的前提下，细粒度本身造就了容器效率的改变。

我们把"粗糙"的物理过程理解为大颗粒的石子，那么经过数字化处理的过程，也就是变为"0"和"1"代码的过程，在这一过程中，首先带来的是效率的提升，其衍生的结果就是在保持同样质量前提下的成本下降与操作灵活。

如今，人们又开始热烈讨论"SDX - Software Define Everything"（软件定义一切）的话题。事实上，软件之所以能够产生效益，基于的就是将粗粒度的物理世界细粒度化的过程，也就是将社会数字化的过程。当我们的社会被高度数字化之后，加上软件的能力，整个社会的效率就会大幅提升，而社会的运作又会大为灵活。回顾过去，展望未来，我们从寻呼机时代，到智能手机时代，从移动互联网网络时代到万物互联时代，整个过程其实就是一个数字化程度不断提高的进程。

大家可能还记得，在寻呼机和"大哥大"的时代，中国的电子产品走私现象还很严重。当时，在广东番禺有一个"易发市场"，大多数电子走私产品都是从这里流向全国的。如今，辉煌一时的"番禺易发"早已消失不见。为什么？除了国家大力管控的因素外，还有一只无形的经济之手在发挥作用。

在二三十年前，中国的工业基础还比较薄弱，生产力水平相对低下。从经济学的角度而言，当生产力水平上不去的时候，产品成本的下降空间始终有局限性，我们无论怎么杀价，从成本而言，还是无法真正与高生产力制造出的产品相比，当然，恶性竞争的杀价和造假场景不在此范畴。因此，发达国家在先进生产力的条件下，能够制造出质量更好、成本更低的产品。在利字当头的前提下，走私就开始出现。但现在情况完全不同了，中国制造业的生产力提高了，我们可以制造出既具备成本优势，又具备质量优势的产品，那么非法走私所带来的利润空间就几乎丧失殆尽了，这是红极一时的"易发市场"消失的经济原因。

如今，我有时会跟朋友们开玩笑说，再过几年大家可能会发现大量中国货品已经被走私到那些闭关锁国的先进国家去了，因为他们的工业化程度已经远远落后于中国。工业效率上不去，成本下不来，就会被更高生产力的降维式打击所摧毁，这就是数字化所带来的力量源泉，也是社会数字化程度高的竞争优势本质。只有深刻地理解了数字化的这一特点，我们才能理解现在以及未来应该做什么。

4.2 数字化转型迈入新时代

数字化社会的终极目标，就是在数字虚拟空间里建立对物理世界的完全仿真，然后，通过虚拟空间和物理世界的实时互动，最大限度地提高效率，降低成本。为了更好地适应数字化时代的到来，政府、企业都走上了转型之路，而数字化转型带来的不仅仅是竞争力的改变，也是对我们周围一切的改变。从智能终端到智能家居，从滴滴打车到摩拜单车，从微信到支付宝，数字化的魔力及其对社会与生活造成的影响，已经无处不在。可以说，在数字化程度日益深化的今天，数字化转型也迈入了全新的时代。

讲到数字化转型的新时代，就不得不提一个前瞻性的概念——数字孪生（Digital Twins）。从技术角度来看，数字孪生技术的普及和应用，的确还有待于整体社会数字化程度的提高。但数字孪生的概念，已经为我们未来的智能社会发展指明了方向。

在工业领域，数字孪生的应用有两个前提条件。它需要一个实时在线的客户群体，以及实时在线的企业。这里所说的在线，不单是指以 ID（身份编号）形式表现的"人"或"物"的身份在线，同时还要通过传感器系统和通讯系统实现每一个 ID 下"人"和"物"的各种物理状态在线。这两者的结合，是将物理世界中的存在与行动完全数字化的基础。有了这一切，再加上软件的力量，才有可能实现物理世界与虚拟数字世界的共存共荣，而由此产生的效率提高，不仅会降低成本，还可以提供更加优化的用户体验。

讲到这里，关于数字孪生与数字主线（Digital Thread）的区别还要给大家说明一下。大概而言，数字主线就是与智能化制造密切相关的，而数字孪生则是把制造上游的原材料与制造下游的用户因素关联起来，从而形成整体社会的数字化效应。

关于数字孪生在智能制造领域的应用情况，我们可以借助微软 Azure 工业云服务智能工厂的例子来为读者进一步解读（网址：http://www.microsoftazureiotsuite.com/demos/connectedfactory）：

在"云计算""物联网""大数据""人工智能"和"混

合现实"技术使能作用下，微软公司的 Azure 云服务平台和以 Hololens 为代表的混合现实设备可对全球化企业遍布世界各地 的工厂生产情况进行实时监测和预期性维护。通过对工厂实时 数据的采集、传输、存储、加工、分析和显示，生产管理者能 够直观了解全球范围内工厂的状态。当问题发生时，用户可以 通过控制板第一时间掌握情况，之后可一步步跟踪下去，了解 具体是哪个工厂的哪条生产线出现问题。与此同时，每一步都 有详细的物理世界实时数据显示，在这种情况下，我们可以对 生产过程进行高效实时的远程监控，实时维护，再借助人工智 能技术，我们还能通过智能算法计算出工厂设备发生故障的前 提条件，从而实现对工厂设备的预测性维护。如果再加上微软 Hololens 混合现实设备的使用，那就可以真正实现物理世界与 数字世界的无缝结合了。细心的读者可能已经发现，这里所谈 到的由"数字孪生"使能的智能工厂场景，其实已经与前文所 描述的 Future Vision（未来愿景）非常接近了。这是未来已来 的另一个例证。

刚刚这个例子，为我们呈现了数字孪生应用的实际应用场景。那么，在现实世界实现数字孪生需要哪些基本要素呢？顾名思义，首先是"数字化"，而数字化的前提就是要建立一个将物理世界中所有"人"与"物"关联在一起的优质数据结构。

关于数据结构的重要性，也有一个典型的例子，那就是微软的活动目录——Active Directory(简称 AD) 技术。可以这样说，正是由于这个毫不起眼的活动目录，才让微软的桌面产品可以取得如此巨大的成功。总的来说，其核心就是一个可以把"人""电脑"和"行为"互联互通的数据库结构。大家应该都知道，微软的创始人比尔·盖茨先生，最初的愿景就是保证每人桌上都有一台电脑。如果全世界电脑都连接上的话，怎么样用一种非常有效的分层、分权限和分区域的数据库结构管理"人"，管理"电脑"，管理"行为"呢？这一切的背后，依靠的就是活动目录。异曲同工的是，在微软的 Azure 云平台上，Active Directory 变身为 Azure Active Directory（AAD），继续在一个更广阔的天地，发挥它连接、同步和管理万物万事的作用。

活动目录的成功，造就了微软桌面领域的辉煌。在中国历史上，其实有一个与其原理类似的事件，那就是秦始皇"书同文，车同轨"的千秋大业，"书同文，车同轨"的实现，对当时生产力带来了巨大的推动作用，也从政治和经济的角度，完成了中国当时的统一。事实上，一个统一的、有效的数据结构，对于数字化社会发展的贡献，绝对不亚于"书同文，车同轨"的成就。

与此相关的还有时空大数据概念。时空是一个很有意思的词语，从"说文解字"的角度而言，"世""界"是时空，"宇""宙"也是时空。刚才介绍的数字孪生技术，主要以智能制造为主，如果把概念扩展至智慧社会的层面上来，我们就需要建立时空化的数据结构，也就是三维空间的 X-Y-Z 轴，再加上一个时间 T 轴。其中 X-Y 轴二维空间是常规的平面网格化管理，再把北斗卫星提供的立体数据整合进来，就形成 X-Y-Z 三维空间架构。然后再加上时间轴 T，就建立起了时空数据结构，这个数据结构，将能够代表人类所能够感知的时间 - 空间体系内的所有坐标，换句话讲，就是对我们所在的世界进行了数字化建模。一个国家，一旦完成整体社会时空数据结构的搭建，那么就可以真正进行彻底的数字化转型和改造了。

未来，中国在智能制造领域将越发担当起引领时代向前的重任，如果主管智能制造的领导部门能够在新一轮工业化数字进程中，下功夫建立起一个统一的时空大数据平台，让人、机器、设备、流程在这里全部实现数字化，就在制造领域实现了类似于秦始皇"书同文，车同轨"的成就，而这对中国智能制造的发展将产生无比巨大的促进作用。

5.科技发展的哲学内涵

5.1 从哲学到科学，再到技术

在一波又一波的科技浪潮下，人们对科学技术的好感度与谈论度越来越高。哲学，作为一门"古老"的学问，仿佛离人们的现实生活越来越远。可事实上，离开哲学谈科学，认为哲学或者科学哲学已经过时的做法既片面，同时也不科学。笛卡尔说"知识好比大树，哲学是树根，科学则是树枝"，爱因斯坦则认为"如果把哲学理解为在最普遍和最广泛的形式中对知识的追求，那么，哲学显然就可以被认为是全部科学之母"。
当然，霍金在他的《大设计》一书中公开宣布"哲学已死"，
又为这延续了几百年的论战添加了新的素材。

本书重点强调科学与技术，本无需谈及哲学的话题，但是
由于科技的迅猛发展，单单靠现代科技本身的价值观和方法论，
已经难以为科技的发展指明自身未来的方向。同时现代教育中
的分科情况又越来越普遍，使得本可以助科技成长一臂之力的
哲学，在此关键时刻，无法起到应有的作用。哲学与科技本来
是密不可分的，人为造成的区别和壁垒，反而约束了人们的思
路。因此为大家简单阐述一下为什么在科技昌明的今天，更加
需要哲学与科技的紧密结合。

在理清哲学与科学是如何相互作用之前，我们先来看看究
竟何为哲学？

对于哲学的定义，从来不曾有一定之规。有人说，哲学是
关于人生观的学问；有人说，哲学事关宇宙本源的话题。我在
探究一门学问时，喜欢从名词的本源着手，仿照"说文解字"
的"小学"路线。这种方法，不仅限于中文，其实任何语种都

可以采用同样的思路，多年下来，我发现这是个非常有效的治学方法，在这里也与大家分享。

哲学的"哲"，在《说文》中解为"知"——"哲，知也。"《尔雅》中是"智"——"哲，智也。"与知识智慧相关。大家又要了解，在中文习惯中，"哲"与"学"原不连用，这也是个西方词汇经日本翻译后传至中国的结果。不过对"哲学"这两个字的选择，比"科学"的择字还是要更贴切原意。哲学定义，从原文词源入手，即 Philosophia，也就是"追求"（Philem）和"智慧"（Sophia），其意思为"爱智慧"或者"追求智慧"，因此日人将其译为"哲学"，也就是"智慧之学"。可以说，哲学本身就出于人类爱智之天性，它是人类意识到了自己的无知，所以产生求知的要求，于是人类变得好问、好学，并有了学问，哲学也由此而来。

在古希腊时代，苏格拉底定义哲学为"爱智"；对同期中国古代先贤而言，老子的哲学应该就是"道"的学问，于孔子可能就是"仁"的学问了。从古至今，人们出于各种原因从事哲学研究，相应地人们对哲学也有着各自的理解，并且有各自的方法。但无论怎样，哲学起到的是引领人类思想与社会发展的作用。

我们想要进一步了解哲学，就要从哲学研究的问题出发。尽管从没有达成过统一意见，但总体来说，哲学主要研究以下这三个问题：

世界的本质是什么？这是有关形而上的终极话题。

我们是如何认识这个世界的？这是认识论，也是方法论。

什么是价值？也就是价值观，伦理道德都属于其范畴。

所以，哲学的研究范围可以大致归纳为形而上学、认识论和价值论三部分。

从广义上讲，形而上学就是研究这个世界的本源。但是，由于我们对这个世界的认识总是受到我们认识能力的限制，所以，在西方，以康德为首的哲学家体系认为形而上学的研究对象并不是这个世界，而是我们自身的概念系统。无独有偶，中国远古文明采取的"近取诸身，远取诸物"的治学路径，似乎早已对此做出了选择。而这一矛盾则进一步推动了认识论的发展，让人类开始专门讨论应该以何种有效方法认识这个世界。

比如我们如何知道通过经验认知的世界就是真实的世界，认识世界的途径是什么？再比如，什么是知识，什么是真的，什么是错的，等等。

在了解了哲学思考的问题之后，我们不难发现，哲学素来秉持的其实就是一种坚持用思辨来追问一切、质疑一切的态度。一部哲学史就是人类先哲就一切问题的思考所引发的宏伟辩论。无论古今中外，真正的哲学也必定是科学的。

科学本源于哲学，有人说科学曾胚胎、成长于哲学的母腹之中。事实上，科学就起源于哲学的一个分支——自然科学，17 世纪科学革命之后相当长一段时间内，科学还被称为自然科学，直到后来这一分支日益壮大，脱离母体，才有了化学、物理、生物等。

正如著名物理学家海森伯所说："近代科学技术这一巨大潮流发源自古代哲学领域里的两个源泉（数学与原子论）。虽然许多其他支流汇入这一潮流，助其潮长其流，但其源头一直持续地自己显露出来。"在现实中，哲学不仅在探索自然的本性和人生的真谛，同时它还在充当科学的"辩护士"（科学需要哲学解释为之辩护）和"马前卒"（科学需要哲学批判和哲学启示为之开路）。所以说，科学离不开哲学为其"瞻前"和"顾后"。

从词源上看，哲学与科学也有着千丝万缕的联系，甚至可以说科学本来就是哲学的一部分。science 一词源于拉丁语 scientia，它与 episteme 同样都有认知的意思，但它具有普适知识的含义，而哲学则把普适知识看做是它的本分。在牛顿科学革命之前，科学被视为 scientia，即它只是以世界为中心的哲学关注的一部分。我们目前称之为 Science 的科学知识，在 1605 年到 1840 年间，由 science 是 scientia 的哲学意思，才逐渐转化为以数学和实验为主要解释的现代含义。此外，Philosophy 一词在词源上由拉丁词 philosophia 变换而来，希腊史家希罗多德最先使用这个词，作动词"思索"解释，后来转为名词"爱智"的意思。"思索"和"爱智"，也是科学的传统。正是因为以上种种迹象，著名学者威尔·杜兰特才断定："每一门科学作为哲学始，作为艺术终。"

作为以上阐述的注解，我们可以再看看"科技"的含义。

现在人们大都把"科""技"连用，作为科学和技术的简称。实际上这是两个密切相关但又有不同侧重点的概念。有关科学与技术的探讨，已有众多长篇大论，在此不做展开，只是先从概念上明确一下，因为之后的探讨需要用到这个概念。就像哲学与科学，其实都是对知识和智慧的一种探究，只不过侧重点不同。由于现代科学的进步，以及科学家思想的相对开放比对于哲学家的相对保守（注意这只是相对而言，真正的大思想家无不是二者兼修的，包括喊出"哲学已死"的霍金教授），哲学貌似落伍了，慢慢失去它应有的引领其他学科发展的话语权。但哲学本身的定位以及责任并没有丧失，只不过其工作大都被兼具哲学思维的科学家完成了。科学与技术，则走向另一个极端，偏向于融合一体，反而丧失了其间的微妙区别。大概而言，科学是发现世界的能力，技术是改造世界的能力，二者相辅相成，缺一不可。既不因技术的实效性而丧失对看似"无用"的科学理论的探索与追求，也不因科学理论所具备的高度和深度，而放弃脚踏实地的具体实践工作。换做中国传统的"经国济世"理念，也可解读为之前我们谈到的"知行合一"。

5.2 哲学真的已经不重要了吗？

古希腊时期，哲学和科学还是紧密融合在一起的，既没有也不必明确区分，都是人类理解世界本源的一种方法。随着欧洲文艺复兴时代的来临，以及随后启蒙运动的全面展开，人类最终迈入了以第一次工业革命为开端的现代科技时代。在这个过程中，因为研究对象和旨趣的分别和实用性的不同，科学与哲学开始渐行渐远。

在古希腊时期，亚里士多德在《形而上学》中认为，哲学研究的是"作为存在的存在"，即"存在"本身，而科学研究的是"存在"的特殊方面和属性。同时，哲学作为思辨的知识，其主要目标是探索关于本原、实体和本质的原则，追求最普遍的原理，它的最终研究结果，必然会超越所有已知现有理论和思想，当然，其反面就是，当哲学无法担当起时代思想的引路者时，它的世俗功用就会得到质疑。而近代科学自从走出哲学的"母体"之后，开始以"科学方法论"为手段，基于缜密的系统性试验，通过无限迭代的"证实"和"证伪"过程，以期最大限度地接近事实真相，以客观的试验来代替主观的判断，成为科学论断可信赖的基础。因此爱因斯坦认为"西方科学的发展是以两个伟大成就为基础的，那就是：希腊哲学家发明的形式逻辑体系（在欧几里得几何中），以及（在文艺复兴时期）发现通过系统的实验可能找出因果联系"。近代科学逐渐形成了统一的原则，明确定义了知识的含义，拒绝主观臆断，强调可重复性的实证，以至于在科学之外的"知识"都不称其为知识，至此科学与哲学的关系开始变得紧张起来。

近年来，随着霍金在《大设计》一书中宣称"哲学已死"，关于哲学已经跟不上科学发展步伐的言论更是甚嚣尘上。其实，纵观《大设计》全书，霍金认为的"哲学已死"，并不是认为哲学作为一门学科已死，而是认为墨守成规、拒绝吸纳科学方法的陈旧哲学体系已死。但哲学本身的高度并不会因某些哲学家的不作为而降低。

牛顿的科学开山之作《自然哲学的数学原理》在物理学、数学、天文学和哲学领域都产生了极其重要的影响。但是牛顿还是将其称为"自然哲学"，在《自然哲学的数学原理》第一版的序言一开始，牛顿就指出"致力于发展与哲学相关的数学"，这本书是几何学与力学的结合，是一种"理性的力学"，一种"精确地提出问题并加以演示的学问"，旨在研究某种力所产生的运动，以及某种运动所需要的力。他的任务是"由运动现象去研究自然力，再由这些力去推演其他的运动现象"。

牛顿在他的书名中特意强调哲学与数学的关联性，而在书中所描述的又大多是物理、数学和天文学的理论，很难想象是随意而为的结果，必是经过了深思熟虑的过程。

纵观由文艺复兴至今几百年的现代科技发展史，由于哲学的反思，带来了思想的解放，进而促进了科学的发展。而科学的发展，又使传统哲学陷入了不革新就消亡的困境。与此同时，科学的巨大成就，也使其本身进入了一个发展怪圈，就是科技越发展，人类在享受其成果的同时，也越发迷茫。由于科技的进步，很多传统价值观遭到巨大挑战，这在最近甚嚣尘上的有关人工智能对人类未来影响的讨论中达到极致。如果稍稍研究下历史，可能就会发现，或许又该是哲学登场的时候了，因为我们需要新的方法论与价值观来应对这个时代的新挑战。

5.3 哲学如何作用于科学

在明确了科学与哲学在发展过程中相互促进和相互否定的关系后，我们再来看看哲学是如何在思想和方法上作用于科学的。

哲学有唯物主义和唯心主义之分，被后人称为"自然哲学"的古希腊物理学，就是西方科学的原始形态，而它赖以生产和发展的思想动力和观念基础就是朴素唯物主义。而唯心主义对人类心灵活动的研究，同时也让古希腊智者的论辩术最终发展成为逻辑学。

逻辑学是哲学的工具，一般来讲，逻辑方法有两种，分别是归纳法（Induction）和演绎法（Deduction）。

我们先来看看演绎法，演绎法的主要形式是亚里士多德提出的三段论，这套逻辑体系包括三个部分：

大前提——已知的一般原理；

小前提——所研究的特殊情况；

结论——根据一般原理，对特殊情况作出判断。

我们通过一个常用的例子来看看三段论：

人都会死（大前提）；

苏格拉底是人（小前提）；

苏格拉底会死（结论）。

从三段论中我们可以看到，推理的前提是一般性原理，推理得出的结论是个别，一般中概括了个别，个别中又包含了一般。演绎推理是一种必然性推理，它揭示了个别和一般的必然联系，只要推理的前提是真实的，推理形式是符合逻辑的，推理出的结论也必然是真实的。

演绎法是发起科学认知的一种十分重要的方法，可以说其是科学研究不可或缺的重要环节。通过演绎法，人们不仅能够拓展和深化原有知识，而且还能够做出科学的预见，为新的科学发现提供启示性线索，让科学研究沿着正确的方向一路向前。正是因为演绎法的存在，门捷列夫才能根据元素周期律进行演绎推理，进而预见镓、锗、钪等当时尚未发现新元素的存在。

此外，电子偶转化为光子的发现也是通过演绎推理作出科学预见的结果。本世纪初，当电子偶（电子和正电子）变为辐射这一现象被发现时，唯心主义者解释为物质的消灭，但是，物理学家们坚信物质和能量守恒定律适用于任何物质形式或任何能量变换。他们运用演绎法，认定辐射现象也是如此，后来，他们终于发现电子转化为光子即转向为电磁辐射的规律。

就像在我们所处的世界中，任何事物都有两面性一样，演绎法也不是万能的。接下来我们再来看看演绎法的孪生兄弟——被弗兰西斯·培根称为"新工具"的归纳法。首先我们要知道，归纳法和演绎法一样，都是科学认识世界过程中重要的思维方法。归纳法与演绎法相反，是根据一类事物的部分对象具有某种性质，得出这类事物的所有对象都具有这种性质的推理，是从个别到一般的过程。著名的"科学方法"，其实就是演绎法与归纳法的有机结合。

在科学和逻辑发展史上，简单枚举归纳法和完全归纳法是最早被提出的。在这之后，归纳法从"发现和证明概括的操作"向"检验假说的操作"上逐步演化。培根所倡导的归纳法是对传统纯归纳逻辑的扬弃，他强调大量的实验和观察相结合，而不只是简单的枚举归纳，从而使得他倡导的新工具方法再经笛卡尔继续发扬光大，成为现代新科学的方法论基石。

20 世纪以来，现代归纳逻辑沿着这个方向加强了对归纳方法的研究，在引入了概率和统计学以后，人类从个别现象总结一般规律的能力得到大大加强，其中最著名的应用大概就是目前以概率论为其核心武器，以机器学习的形式出现的新一轮人工智能的崛起。

此外，还要说明的一点是，培根的另一大贡献在于强调科学归纳过程中"证伪"的重要性，他认为无论科学的归纳方法多么完备，它必然是以有限例子为基础的，因此总存在一种可能性会发现某种已经被证实的理论的反例。由于培根的这种客观性，不仅为其赢得生前荣誉，还间接地促进了 20 世纪冯·赖特和卡尔·波普尔所阐述的规律，即自然或理论不是可证实的，而是可证伪的。不要小看这个理论，它代表着一种以事实为依据的客观批判精神，是一种极为朴素，又极为先进的科学思想。它的现实应用就是对所谓"错误"的态度，在这里，错误并不是"错误"，是一种"证伪"。现代应试教育的基础是以正确答案来衡量学习的效果，在思维逻辑上是反对错误的。当然这种方法有其适用性，但也造成在这种应试教育的理念下，很难造就具备批判性思维的人才，而批判性，恰恰又是现在国家大力提倡的创新精神的基础。说明这一点，是想再次强调，在这个瞬息万变的科技革命时代，掌握科学方法论的重要性。科学方法论不应只是科学家的工具，而应成为全人类的有效思想武器。

有些读者有可能会有疑问：这些都是最基本的常识，何必需要展开讨论？的确，科学方法论是人生在世对事物做出判断的基本方法，本是每个人应该具备的基本素质。但远的不说，纵观过去几十年的社会现象，有多少反科学、反生活常识的事件在随时发生。如果真正具备科学的素养，我们就会知道，每个事物，都有其正反面，我们要的就是利用正确的思维和方法，去其糟粕，取其精华，那么万事万物都有它的功效。如果因为某些事物的功效而片面夸大它的作用，从辩证变为绝对，远有打鸡血、喝红茶菌，近有包治百病的绿豆汤，就适得其反了。从这些现象的出现，和参与人数之众，也可侧面看出国民的科学成熟度。客观地讲，所有事物在它的范畴内都会有其原有的价值，但如果不加批判地盲目夸大，再有效的东西也会成为有害，科学如此，技术如此，现在最流行的人工智能、区块链亦如此。

5.4 为什么不能忽视哲学与科学

谈了这么多科学与哲学的内容，其实就想告诉大家，在科学技术高速发展的当下，关于技术的争论越来越激烈，各种观点、学说，可谓众说纷纭。在这种情况下，只谈科学不谈哲学，或者忽视哲学对科学的重要价值，无益于解决人类面临的根本问题。事实上，历史已经告诉我们，社会以及国家的发展，是按照哲学发展、社会发展、科学发展的顺序一浪高过一浪，呈螺旋上升态发生和发展的。

我们可以先把哲学进步对于意大利文艺复兴的影响搁置不谈，让我们先看看对科学解放造成直接推动的英国的故事。在整个17世纪，西方工商业、思想文化和科学技术的中心都处在英国。事实上，16世纪末期，资本主义关系就已经在英国取得了很大的发展，新兴的资产阶级鼓励人们探索自然的特性，提倡对科学技术的研究。但是，僵化的经院哲学严重束缚着人们的思想，阻碍了科学的发展。首先察觉到这一问题的是英国的唯物论哲学家，弗兰西斯·培根。

以成为"科学上的哥伦布"为目标的培根，创立了以强调实验方法和归纳演绎为其基本特征的唯物主义哲学体系。继培根之后，托马斯·霍布斯和约翰·洛克等唯物主义哲学家涌现出来，造成英国哲学高潮的顶点。这些伟大哲学家所掀起的英国哲学革命，是利用哲学的武器，解除了守旧哲学观念对人类思想的禁锢，可以说是以哲学解放了哲学，进而以哲学解放了思想，从而对英国的科学技术走向繁荣起了不可忽视的作用，特别是对波义耳把化学确立为科学，对牛顿创立科学的力学，产生了巨大的影响。

历史的延续，科学的承替是极有趣的。就在伽利略这位科学巨人去世那一年，诞生了另一位科学巨人牛顿。就像伽利略直接继承波兰科学家哥白尼的事业，把意大利引向科学高潮一样，牛顿也继承了德国科学家开普勒的科学成果，把英国科学推向极盛期。这样，以哥白尼为开端，经过伽利略，最后到牛顿建立起完整的经典力学理论体系，终于完成了近代科学的第一次革命。由此形成科学史上的牛顿时代，强烈影响此后长达二百年的科学思想。

值得注意的是，牛顿构造科学体系的方法与培根倡导的方法是一脉相承的，采取的都是经验主义的认识论原则和以归纳、分析、实验为主的科学方法。所以说，在英国，以培根为代表的唯物主义哲学对科学的影响，是在以牛顿为代表的唯物主义自然科学家身上以结晶的方式，凝聚在他们的科学思想中而起作用的。并且，这种哲学在少数卓越科学家身上的结晶和升华，通过他们的科学成果对以后的科学认识产生了一系列的"连锁反应"。然而，有些专家学者却看不到哲学的这种深远影响，进而否定培根等哲学家对科学发展的推动作用，以史为鉴，可以帮助我们更好地理解哲学对科学的意义，让我们能够更有效地借助哲学的力量，来解决科学自己解决不了的问题。

像英国这样由哲学开启，进而引发社会、科学、工业等一系列变革的国家还有意大利、法国、德国，而由此我们也可以看出，哲学发展对科学发展的重大作用所在。总体来讲，哲学的发展唤起了整个社会的思想解放，为科学技术的发展扫清了障碍，哲学发展提出的新认知和新方法论，则为科学探索提供了工具。更为重要的是，哲学发展所形成的世界观，给科学发展提供了指导思想，而哲学对科学的预见性，更是给予了科学发展深远的影响与启迪。

总体来说，哲学与科学是互相渗透、互相影响的，在人类认知世界的历程中，哲学与科学是同路的，只是二者以不同的姿态帮助人类认识这个世界，前者关注的是思辨，而后者则以实证为主。我们知道，科学注定要为世界提供更合理的说明，但科学绝对不是哲学的"终结者"。因为，哲学同样也要为世界提供它的解释，而且因为其形而上的属性，它的解释可能会比科学更具超越性，所以，在某些时候哲学可以帮助科学从迷失中找到一条更好的路。所以说，无论是现在，还是即将到来的智能社会，我们都不能忽视哲学与科学。

6.从"通州八里桥"说起

"数字化转型"是近来的热门话题，但绝大部分人还是低估了数字化对社会、对产业的冲击。以我的观察，尽管转型的话题很火爆，但真正意识到这是事关"存亡"的话题的企业或个人，尚属凤毛麟角。这已经不是科技所能解决的问题，而是思想的问题，是思维方式的问题。我在培训中一直都在强调，数字化的本质是提高效率和降低成本。这种成本的下降不是以降低利润或者杀价产生的成本下降，而是由效率提高带来的真正的成本下降，这种成本优势是具备"降维打击"能力的。

没有看过科幻著作《三体》的人，可能并不了解"降维打击"的威力。举个例来说，我们生活的世界是三维空间，除了平面之外，还有厚度。但是蚂蚁的世界只有前后左右，没有上下，所以它的世界就是二维的。"降维打击"就是"高维度生物"对"低维度生物"的一种毁灭性打击，简单来说，就是人类对蚂蚁的攻击，被"降维"打击的一方甚至连还手的资格都没有。我们可以想象一下，这种能力上完全不对等的打击，给"低维度"一方带来的将是何等的破坏。

在我的讲课过程中，曾经有听众询问有关科技两面性的问题。这是一个非常严肃的话题。其实从第一次工业革命以来，有关科技的进步是否会给人类带来真正的幸福美好，就一直是一个悬而未决的问题。但又让人们很难取舍的是，如果放弃掉对科技进步的追求，后果如何？老子《道德经》德经·第二十八章有云："知其雄，守其雌，为天下溪。"我认为这句话就非常适用于解答这个问题。当下，技术的创新与发展速度已经远远超出人类的想象，有些人可能并不能跟上技术的发展节奏，但是，我们一定要知道科技的时代已经来了。在科技的世界里，只有了解技术，先做到"知其雄"，才能做好准备；具体的应用，可以是"守其雌"，也可以是"守其雄"，运用之妙，存乎一心而已。相反，如果人们对自己所处的时代一无所知，那么，你别无选择，只会处于非常被动的地位。没有变化还好，一旦被卷入历史变革的大潮，很可能会为此付出惨痛的代价。

在中国历史上，清朝蒙满骑兵的骁勇善战是十分有名的。可在1860年英法联军攻打北京城时，他们的勇猛却完全无用武之地。当时，清军著名将领僧格林沁率领大清朝最精锐的数万大军，在北京东部的通州八里桥（现属北京通州区境内）附近阻击约八千名英法联军。在这场大战中，清军无论是在人数上还是斗志上都占有绝对优势。但是，面对数千经过长途跋涉，已经疲惫不堪的英法联军，清军却是一败涂地，几乎溃不成军。

当以冷兵器为主的清军骑兵，斗志昂扬地冲锋陷阵时，他们发现曾经赖以自豪的制胜战法在现代化的枪炮面前，变得毫无价值，本来以为的两军相争变成一场单方面的屠杀。但更令人深思的是，据事后的战例分析，其实清军当时并不缺乏火器，只是由于作战思维的僵化，战争思想的定式，造成一开始就注定的败局。

这场战斗给人的震撼是极大的，因为清军不是输在勇气上，而是输在他们不愿放下手中的以刀、枪、棍、棒为代表的冷兵器，拿起更为先进的火枪、火炮，他们输掉了技术，他们放弃了使用先进技术的权利，他们完全没有意识到自己远远落于人后，为此他们付出的代价是极为惨痛的。我们都知道落后就要挨打的道理，在技术迅猛发展的今天，技术的落后，意识的落后，对我们每个人的打击都不会亚于当年八里桥一战。

在科技的世界里，即使你是一位训练有素、手握"龙泉宝剑"的勇士，你永远也抵不过一个手拿"马克沁机枪"的小孩。可以说，科技是我们武装自己最好的工具，懂得利用科学技术，就具备了实施"降维打击"的能力。

在《三体》中"执剑人"掌握着地球与"三体文明"的生存与毁灭，书中，"执剑人"的一念之仁，给地球带来了毁灭性的打击。在现实世界里，技术的走向决定着未来的方向，优胜劣汰的丛林法则，在科技的世界里同样有效。而我们每个人都是自己的"执剑人"，如果我们意识不到科技的力量，我们只能被"降维打击"，被新时代所淘汰出局。

第三章　正在到来的智能社会

1.云－物－大－智：技术进化的次第论

1994 年，凯文·凯利就在《失控》一书中告诉我们，未来，所有动物、植物、环境以及所有设备都将被互联网连接在一起。对于当年读到这本书的人来说，这应该就是一个充满科幻趣味的预言。然而，就在 20 多年后的今天，我们已经看到，万物互联的时代不是科幻，而是现实，它就站在我们眼前。

所以也有人说：互联网已死，接下来是物联网的时代。从微软的角度来看，人类社会必将进入一个万物互联的时代，而支撑万物互联社会的基础架构，按照微软公司 CEO 萨提亚·纳德拉（Satya Nadella）的话来说，就是具备了 Ambient Computing（无处不在的计算）能力的云计算服务体系。以此为开端，各类新术语、新概念就开始层出不穷了，其中最热门的话题——人工智能肯定可以算上一个。随着科学技术的高速发展以及创新应用的大量普及，这些原本仅限于专家学者们讨论的话题，仿佛一夜之间，就走入了寻常百姓家。但从历史的经验和教训来看，这种爆发性的现象，要么爆发性的冷却，要么为未来的发展埋下很多隐患，有时甚至将本可以蓬勃发展的新生事物扼杀于摇篮之中。其实人工智能已经为此走过了若干寒暑，若要避免再次陷入这种怪圈，似乎有必要静下心来，仔细探究一下它的本质，理解事物的发展规律，以及认真思考究竟如何能够让科技的发展为人类带来真正的福祉。

幸运的是，现在已经有越来越多在技术领域深耕细作多年，并且富有强烈社会责任感的科学家开始发声，在积极拥抱这一伟大的技术进步的同时，帮助世人理解到底什么是人工智能，它适合做什么，它不适合做什么，以及如何让人工智能的发展更好地助力人类社会。有鉴于此，基于篇幅的限制，我在这里就不再重复关于人工智能的算法、使用和伦理道德的探讨，而把关注点放在实施路径和对其先天局限的突破，以供读者们参考。

首先我们要理解，任何伟大事物的出现，都类似于冰山一角，有其隐藏于下的巨大发展基础。若不能够了解其成因，只在结果上下功夫，很容易陷入空中楼阁的境地。从目前科技与人文的发展方向来看，人类跨入智能社会的门槛，应该是一个大概率的事件。但哪个国家，哪个群体，哪个公司，以及哪个个人能够先期顺利地达到这一目标，关键不仅是方向的正确，也是路径的正确选择和踏实的实施。因此，我一直力推被称为"云 - 物 - 大 - 智"的智能社会发展次第论。次第者，顺序也。具体而言，当我们把下一阶段的社会发展目标定为智能社会的时候，我们需要理解以目前的技术能力和发展路线图来看，要使机器产生所谓的"人工智能"，必须要有海量的数据；而海量数据的产生，需要有一个万物互联的社会基础；而能够支撑起万物互联社会的前提，则需要计算能力像空气一样，随时随地，无处不在。

换句话说，以本质论的观点来看，现在很流行的云计算，其实更为精确的说法，应该称为"无处不在的，大小灵活的计算能力"，就是前面介绍的，微软公司 CEO 萨提亚·纳德拉描述的 Ambient Computing（无处不在的计算）。这种计算能力，与下一代通讯技术相结合后，就能够支撑起万物互联的社会结构。这是一种对新型智能社会形态的"使能"能力，其作用类似于第二次工业革命时期电力的出现和普及。就像电力的普及造就了电气化社会一样，云计算服务体系的全面普及，就为智能社会的到来奠定了基础；有了万物互联的社会结构，无处不在的智能设备和人类一起才会产生真正的大数据，从而奠定人工智能所必需的计算力和大数据基础。因此，从"果"返"因"，是"智 - 大 - 物 - 云"，从"因"到"果"，则是"云 - 物 - 大 - 智"。理解了这种因果关系，就可以在制定发展方针时做到按部就班，有的放矢，真正一步一步地迈向智能社会的未来。我之所以强调这种次第论的观点，主要是认识到无论是对个人而言，对公司而言，还是对国家而言，人工智能都将会是未来的核心竞争力。它是一种"重器"，是一种非常强大的能力，是一种能够产生"降维打击"的能力。它对于人类的影响，应不亚于当初发现核能所产生的冲击。所以要有深刻的认知以及切实可行的行动方案才不会被这一轮技术进步造成的巨大淘汰力所淹没。

另外，为了使技术的进步能够真正造福人类，我们还需打破技术万能论的观点，充分理解人工智能的本质。它其实就是一种"硅基大脑"对于"碳基大脑"的初级模仿。两者的确有很多相似之处，比如都是要靠电力驱动，信号处理模式也都是要经历信号／数据的生成、传输、存储、处理和反馈，也都有中央计算与边缘计算的分层／分布式处理架构，等等。但借用先人对人体功能的总结，"眼耳鼻舌身 - 意"，以及相对应的"色声香味触 - 法"，我们可以看到"硅基大脑"与"碳基大脑"的最本质不同就是它没有哲学上所称的"第一因"，即"意"——意识，因此产生不了"法"——法则。举一个例子，人类婴儿一出生，就会发出人生第一声哭声，就会吃奶，这种本能是一种"第一因"，是不需要任何后天的教育与学习的。那么，所谓具有人工智能的机器，当人类不赋予它这种"第一因"的原始法则时，它什么时候可以知道要"吃奶"而生存呢？虽然对这一概念的解读目前尚无定论，但对这个概念的领悟，将会极大决定到底人工智能将向何方向发展，对这个基本概念的把握，也将决定人工智能发展的最终潜力。

在科技实践的过程中，还有一个老生常谈的话题，就是科技要"以人为本"，其衍生的说法也可以是技术应以"实用为主"。在这个概念漫天飞的时代，有太多的技术、想法或产品如过眼云烟，其根要就在于是否真正满足了用户的刚性需求。我们经常开玩笑，习惯忽悠别人的人，要当心最后把自己也忽悠了。要知道，虽然有些产品可以在概念初期，通过强势的营销手段吸引一批用户。但最终而言，在这个口碑决定销量的时代，任何产品和服务，最终要回到供应 - 需求的基本关系上。对于消费者而言，他 / 她真的不需要所谓的产品、服务或解决方案，他 / 她要的只是能够解决一个实实在在的小问题而已。

1.1 云：无处不在的计算

　　现在，让我们按照"云 - 物 - 大 - 智"次第步骤，分开来逐一讲解一下。由于这些概念都已不是新的概念，本书就不再占用篇幅讲解它们的基本原理，有兴趣的读者可以自行上网查看。在这里我会尝试把一些具体应用所面临的本质性论点介绍一下。

　　云计算，这个词对大家来说已经不陌生了，因为我们熟悉的许多科技企业都在提供云的服务，国内有阿里云、腾讯云、百度云等，国际上有微软 Azure 云和亚马逊 AWS 云在中国各领风骚。但是，对于普通大众而言，真正理解云计算是做什么的人却很少。大多数人都是"只闻其声，不见其形"。但事实上，我们的社会早已被云计算所笼罩，人类早就在享受着它的细心服务。那么，究竟云计算有什么魅力，能让各大企业如此青睐呢？

　　关于云计算，首先，我们要知道，它是从英文 cloud computing 翻译而来的，前面已说过，"无处不在、灵活可变的计算能力"比"云计算"的翻译更为准确。因为，云计算其本质就是一种"超级计算机"，它能够基于互联网架构提供所有与计算有关的服务。以微软的 Azure 云为例，大家可以把 Azure 理解成一个超级操作系统，它高效率地管理、调配着遍布全球各地的海量计算与存储资源，借助无处不在的网络能力，随时随地为人类提供各种各样的计算与数据服务。

那么，我们究竟要如何定义云计算服务呢？事实上，云计算服务是指 IT 基础设施的交付和使用模式，它以服务的方式通过网络以按用户需求提供获得所需的资源（硬件、平台、软件）。提供资源的网络被称为"云"。"云"中的资源在使用者看来是一种特殊的服务，它具有接近无限的计算和存储能力（相对现有的 IT 基础架构而言），可以随时获取，按需使用，随时扩展，按使用付费，提供不同层级的 IT 能力。简单来说，云计算就是在远程的数据中心里，成千上万控制器和服务器连接成一片，对于最终用户而言，你感觉到的就是一台功能接近无限的计算机。

在这里就不再详细展开关于 IaaS（Infrastructure-as-a-Service，基础设施即服务）、PaaS（Platform-as-a-Service，平台即服务）、SaaS（Software-as-a-Service，软件即服务）的说明了，

互联网上已有足够的资料。如果还借用计算机的比喻，IaaS 可以勉强理解为一台虚拟的高性能计算机，PaaS 是装好了操作系统和基本资源管理和开发环境的高性能计算机，而 SaaS 则是大家最习惯的已安装好各种应用可以随时随地打开来进行工作或娱乐的计算机。

未来，云计算的计算能力，将像电力一样是无处不在的。大家要明白，当我们现在还在谈论云计算时，就像一百年前人们谈论电力的道理是一样的，说明我们的社会形态还没发展到足够智能的程度，否则，这种能力应该是无形的，不需要去探讨，但又是无处不在。就像水和空气，拥有它是必然，失去它将无法生存。而当人们还在探讨要不要将 IT 架构向云上迁移时，就像一百年前人们在争论是应该自己在工厂后院发电自用还是应该接入市电供电一样，只能说明我们对于更高效率、更低成本、更加安全可靠的计算能力还没有需求，这反映的其实是生产力水平的问题。也可能有人会问，云计算的稳定性和安全性如何保证？与电力供应发展的历史类似，它一定是一个渐进的过程，但又是一个无法阻挡的过程。就像现在如果一个公司还要自己发电自用的话，它的电力成本、安全性和稳定性是很难与大规模的国家电力公司相抗衡的。当然，在这个演进的过程中，在初期阶段，会出现各种 IT 基础架构并存的现象，这也是为什么像微软这种老牌 IT 产品供应商，会同时提供诸如 Windows Server 服务器操作系统、 SQL Server 数据库系统、Azure Stack 私有云和 Azure 公有云服务的全栈式本地部署与混合云架构。

相信在不远的将来，云计算将会像水和电一样，成为一种时刻存在于我们身边的力量。也就是说，云计算将作为国家关键基础架构存在，通过与通讯能力的结合，它将以无形的方式，为我们带来更高的效率、更强的能力和更多的便利。

近年来，在云计算的基础上，专家学者又提出了雾计算与霾计算的概念。大家不要被这些名词给迷惑了，无论是云、雾，还是霾，只是一种形象的比喻，都是指一种远程计算能力，不过是距离和覆盖范围的不同，而且业界也没有达成一定之规如何区分云、雾、霾计算的边界，只是借用这种说法让人们能够更加理解云技术的演变过程。就好像人体的大脑神经、脊髓神经、皮下末梢神经，都是神经，基本运行原理相同，只是所起的作用有层级之分罢了。

雾计算与霾计算，指的是相对于中央式云计算而言的边缘计算能力，是边缘智能的计算基础。雾计算可以理解成一种面向物联网的分布式计算基础设施，可将计算能力和数据分析应用从中央大脑，也就是传统云计算的所在地，扩展至网络"边缘"。雾计算让客户能够在本地分析和管理数据，从而获得即时的数据理解与反应能力。可以说，雾计算是对云计算概念的一种延伸，而它主要使用边缘网络中的设备，这些设备可以是路由器、交换器、网关这种传统设备，也可以是专门部署的本地服务器。近年来，由于高效率的容器技术与微服务的普及应用，边缘计算已可以由类似于树莓派这样的小型单片计算机实现。微软公司在其一年一度的技术盛会 BUILD 2017 上推出的 Azure IoT Edge（https://azure.microsoft.com/en-us/resources/videos/build-2017-azure-iot-edge-in-msbuild-day-1-keynote/），就已经将传统上需要由云计算中心实现的大数据与智能算法服务，借助于容器技术，推送到一块紧邻用户使用场景的树莓派上。在这种中央云计算与边缘雾计算相结合的架构下，用户既可以借助中央云计算的强大计算和数据能力得出智能算法，又可再将智能算法打包成容器中的微服务后将容器直接推送到边缘端的小型设备，从而实现中央智能与边缘智能的有机统一。

边缘雾计算的特点是，它具有辽阔的地理分布，带有大量网络节点的大规模传感器网络，因此雾计算的时延反应快，作用覆盖范围小，根据不同的网络拓扑结构可以使覆盖范围内的设备与人进行接近于实时的通信交流，信号不必绕道云端。此外，边缘雾计算将数据、数据处理和应用程序集中在网络边缘的设备中，而不像云计算那样几乎全部保存在云中，所以，它能够以更低的功耗和成本完成原来需要由云计算资源完成的任务。简单来说，边缘雾计算就是一种分布式、更符合互联网"去中心化"特征的计算服务模式。

有云就有雾，有雾就有霾，霾计算这个比较新奇的概念也顺理成章地诞生了。霾计算可以简单地理解为，细粒度更小的，功能更弱的，功耗更低的，覆盖范围更小的，反应更快的边缘雾计算。当然，霾计算并不是云计算与雾计算的"反面教材"，我们可以把霾计算理解为云计算和雾计算之下的计算，是最靠近底层的计算。越靠近底层，反应越迅速，成本越低廉。

那么，云计算、雾计算、霾计算三者之间有什么关系呢？让我们还是以人体的结构为例来说明，之前说过，人体的结构和功能其实与一台计算机类似，都需要用电能来完成信号的产生、传输、存储、处理、展现与反馈行动。云计算可以比喻为大脑，起到的是中央计算和中枢神经的作用。根据最新的脑神经科学研究，人类大脑所处理的信息量，不超过人体产生和接收到的总信息量的 20%，而这已使人类大脑成为人体消耗能量最大的器官。换句话说，仅从能耗角度来看，人类大脑本来就无法承担人体所有信号的加工与处理工作。人体的设计，本来就是一个经过优化的中央计算与边缘计算的有机结合体。在这种结构设计思路下，边缘雾计算就好比脊髓和神经丛，一方面作为信息传输的管道，另一方面能够将部分功能已经固化成型的习惯（相对于计算机而言可比拟为完成某一特定功能的智能算法模块）转移到身体内的各个功能枢纽来实现，在减轻了大脑的计算负担的同时，也提高了整个人体的神经运作效率。同样，边缘霾计算可比喻为人类身体的末梢神经，进一步将更简单的，同时对时延与能耗要求更高的习惯性动作（相对于计算机而言也是一种智能算法模块，只不过代码量更少，功能更单一）授权给人类身体的末梢终端。就像我们的手，就是末梢神经所在的人体感知与执行终端。试想一下，当手指碰到高温的时候，我们立刻会把手撤回，驱动这个动作的神经电信号指令不是由大脑发出的，而是所谓的条件反射，也就是说这个信号没有也不需要回到云计算中心，甚至没有回到边缘雾计算中心，在边缘霾计算中心，问题已经被解决了。否则，当神经感知和行动信号走完从末梢到中央，再从中央到末梢的完整过程，已经有了几百毫秒的延时，那时估计手指已经部分烧成焦炭了。云计算能力的真正体验，应该是云、雾、霾的系统协作，然后产生自动化的反应。云计算负责大量存储和计算以产生智能算法，之后将智能算法推送至边缘计算单元（雾计算和霾计算单元），从而形成类似于人体的中央智能与边缘智能整合体，达成智能社会基础架构的目的。

万物互联的核心是让每个人和物体智能地连接在一起，要承载万物互联，就需要强大的云计算能力，而万物互联形成的分布式海量离散数据源，又可以依赖边缘雾计算与霾计算架构解决集中式中央云计算架构的瓶颈。所以说，云计算、雾计算、霾计算之间相辅相成的有机结合，恰好为万物互联的信息时代提供了完美的软硬件支撑平台。

1.2 "物－人－人－物"相连的社会

"当你正在开车的时候，忽然想找一家新餐馆，并想看看它的菜单、酒水单和当天的特色菜。于是，计算机系统帮你找到它。接下来，你需要预订座位，并需要一张地图来理解目前的交通情况。当你发出相应的指令后，便可以一边开车，一边等待计算机系统打印或者是聆听系统通过语音播放的信息。而且，这些信息是实时、不断更新的。"

这个场景源自比尔·盖茨《未来之路》这本书，现在读来，不得不令人慨叹科技领袖对技术发展的远见卓识，你会发现，这不正是我们在物联网中讨论的"位置服务"和"智能交通"功能的实际应用吗？最近几年，物联网（Internet of Things，

IoT) 的概念对很多人来说可能已经算不上陌生了。顾名思义，物联网就是将各类智能物体互联的网络，从电脑、手机，扩展到更多过去并未"触网"的物件，比如，电视、冰箱、洗衣机……甚至工业生产线、物流交通工具等。但从微软公司的角度来看，我们更愿意用 IoET(Internet of EveryThing) 来定义它，这个 Everything，除了智能物体以外，包括一个最重要的因素，就是人类自己。将所有物体和人通过物联网技术连接在一起，形成一个"大连接"的社会，这又向智能社会迈进了一步。

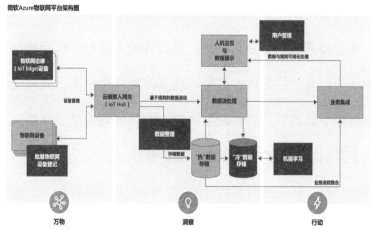

图 3.1　以微软 Azure IoT 为例的现代物联网架构

（链接：https://aka.ms/iotrefarchitecture ）

从技术的角度来看，物联网就是将各种信息传感及执行设备与互联网结合起来，进行信息交换和通讯，以实现智能感知、识别、定位、跟踪、监控和管理的一种网络。从本质上看，物联网就是互联网的延伸。我们平时所说的互联网主要是通过网络来实现各种硬件设备与计算机以及服务器的数据连接和处理。可以说，物联网的终端则更加丰富，它让"世界上所有的物体和人都可以通过网络主动进行信息交换，实现任何时刻、任何地点、任何物体与人之间的互联、无所不在的网络和无所不在的计算"。

物联网是建立在互联网上的网络，可以说，物联网技术的核心和基础仍然是互联网，通过各种无线和有线网络与互联网的结合，将物体的信息准确实时地传递出去，数据的传输过程中必须适应各种网络协议，而物联网的真正作用，又离不开 5G 网络和 IPv6 标准设备的普及。

目前，新一代网络协议 IPv6，解决了 IPv4 存在的问题和不足，其在设计之初，除了大规模的寻址能力，从而能够承担起将全球几十亿人口和上百、上千亿的设备地址编码的任务以外，也充分考虑了移动性的要求，结合网络侧和应用侧的需要，可以保证物联网的安全性、可靠性和服务质量。而 5G 的来临，绝不仅仅是速度的加快，其依赖于微蜂窝的网络拓扑结构，极大地减轻了信号传输的时延，再加上大规模寻址的能力，成为万物互联时代的基础通讯保障。IPv6 和 5G 网络的结合，构成了未来物联网的基础，可以极大地提升网络效率，互相助力，共同进入发展的快车道，使我们的生活更加便捷化、智能化。

如果说互联网络是物联网的核心，那么，传感器与执行器技术就是物联网应用的关键。在物联网中需要部署大量传感器设备和相应的执行器，其作用机理与人体的感知和运动神经网络的作用机理类似。每个传感器都能从外界采集信息，不同种类的传感器捕获的信息不同。物联网从传感器中获得物理世界中的实时数据，然后依靠通讯网络和云计算 / 边缘计算资源进行数据的传输、存储、分析和展示，让看似无规律的数据产生具有内涵的价值，当数据的结论是需要在物理世界中执行某种动作时，该动作指令又会从云端或边缘智能设备通过通讯网络推送至相应的执行器，实现物理空间与虚拟空间相结合的整体智能化运作。说到这里，大家可能就会发现，自动化与智能化其本质类似，都是代替人类依据某种规则对现实世界发生的情况作出反应，由于算法程度的不同，才会使人有不同的体验，明白这一点，就大可不必神话物联网和智能化的功效，这样才能更好地理解我们即将面临的智能时代的本质，从而让我们一方面积极拥抱这种技术进步所赋予的额外能力，另一方面又不会因道听途说的"神话"而高估或低估这种能力。

当前，物联网应用在现实生活中已经有着非常广泛的市场需求。在我们的生活中，大部分与"智能"或者"智慧"相关的概念几乎都是物联网的应用场景。"中国制造2025"所基于的工业互联网，就是典型的物联网应用，智慧城市、智慧交通、智慧医疗、智慧教育，无不需要物联网和相应的云计算 / 边缘计算和通讯网络的普及完善。对于日常的消费品而言，近些年上市的可穿戴设备，如智能手表、智慧手环，智能家居中的监控设备和环境设备就是物联网技术的民用消费领域使用的实际案例。

随着物联网技术的发展，我们的工作、生活、娱乐和出行方式都将被彻底改变。目前，物联网在全球呈现出快速增长的趋势，毋庸置疑，随着物联网的发展我们将进入一个全新的万物互联时代。相关数据显示，到 2020 年全球将有 340 亿台设备接入互联网，相比传统的互联网，物联网全球市场规模将呈几十倍、上百倍的增长，保守估计其可带来数十万亿的经济价值，所以，物联网也被视作全球经济增长的新引擎。

1.3 大数据，智能世界的新"口粮"

大数据（Big Data），顾名思义，是指大量的数据。再精确的定义，可参考维克托·迈尔-舍恩伯格及肯尼斯·库克耶编写的《大数据时代》中的定义，即大数据指不用随机分析法（抽样调查）这种捷径，而采用对所有数据实施的分析处理。其中的"大"有以下 5V 特点：

Volume —— 大量

Velocity —— 高速

Variety —— 多样

Value —— 价值

Veracity —— 真实

当资料量庞大到数据库系统无法在一定时间范围内，用常规软件工作进行捕捉、管理和处理的数据集合，就称为大数据。在这些巨量数据中可能埋藏着前所未有的知识和应用，但由于资料太过庞大，流动速度太快，现今技术无法处理分析，促使我们不断研发出新型数据存储和分析的设备与方法，从而能够从看似无关、庞杂的海量数据中萃取那些有价值的内涵。

大数据其实并不是什么新生事物，网络搜索服务就是典型的大数据运用，根据用户的需求，搜索引擎实时从全球海量的数据中快速找出最可能的答案，呈现给你，就是一个最典型的大数据服务。只不过原来这样规模的数据量处理和商业价值应用太少，在 IT 行业没有形成成型的概念。现在，随着全球日益数字化，互联网应用于各行各业，累积的数据量越来越大，可以利用的类似技术越来越好，才逐渐形成了大数据的概念。

数据之所以变得越来越重要，其关键因素还是在于人工智能的最新发展。之后我们会谈到，这一轮人工智能的进步，与以往尝试模拟人类思维方式不同，主要基于统计学和概率论的原理，因此，数据的质量与数量就变成了制胜的关键。大数据之于智能社会，就如同能源之于工业革命，所以我曾经举例说，大数据就是未来智能世界的新"口粮"。基于概率与统计的人工智能算法，尤其是目前如日中天的DNN(Deep Neural Network，深度神经网络)，依靠的就是大量的数据，如果把这种人工智能当做幼儿的话，这个幼儿的健康成长，需要富有营养的食品，如果吃不饱，或吃不好，那这个孩子是长不好的，甚至会中途夭折的。所以，虽然人们的关注目标都是人工智能，但成功关键却在于数据。

如今，随着智能手机等各种智能硬件的大量应用，数据已经完全"侵入"我们的生活，那些我们浏览的网页，我们去过的地方，我们听过的歌……最终都变成记录我们衣、食、住、行的数据。这些数据不是简单的数字记录，它更像是我们身体的一种延伸。

数据作为一种资源，在"沉睡"的时候是很难创造价值的。如今，大部分企业早已意识到数据的价值以及重要性，但真正享受到数据福利的公司却少之又少。为什么大数据还不能为我们所用，其实很简单，因为目前的大数据显然还不够大，也不够好。

我们不能否认，如今企业拥有越来越多的渠道、设备、数据和消费者触点。因此，企业自身拥有的数据，以及市场上类似媒体和各种渠道的多方数据，其规模已经越来越大，数据类型也越来越多，但我们也要看到这些数据都是相当分散的。此外，早期的数据孤岛问题如今也依然存在。

目前，市场上的大数据缺乏有效的、合理的交流方式，各个数据的拥有者就如同一个个独立的水库。因为对数据安全性以及把控性的担心，本应流动的数据被封锁在各自的数据孤岛上，再加上这些数据在建立之初，其数据结构大都没有考虑未来全社会数据的互联互通需求，本身就存在数据横向打通的难度，所以，大家口头上所谈论的大数据，目前还无法真正融会贯通，这样的数据，既不够大，也不够好。

美国有一部科幻电影叫《永无止境》，这部电影讲了一个落魄作家，通过药物作用拥有了超高的智商，而他把这种高智商用于炒股的故事。在电影中，男主角通过对海量的数据资料进行挖掘、分析，让一切股市内幕变得透明，让一切趋势都在眼前，结果他只用了 10 天时间就赚到 200 万美元。

大数据其实并不是什么神奇的事情，就像这部电影提出的问题一样：人类只是使用了 20% 的大脑，如果剩余 80% 的大脑被激发出来，世界将会变得怎样？如今，我们对数据的使用可能还不到 20%，如果剩余 80% 的数据价值被激发出来，世界将会变得怎样？

量变就会引起质变。当人类社会拥有像空气一样无处不在的计算能力，当人类社会的所有物体与个人的信息与行为都互联互通，当人类社会的所有数据都共享一个统一的时空大数据结构，那时我们一直探讨的智能社会，可能真的就要来临了。

1.4 人工智能，助力未来世界发展的加速器

1950 年，阿兰·图灵在论文中首次提出"图灵测试"的概念，这位极具传奇色彩的科学家认为：如果一台机器能够与人类展开对话（通过电传设备），而不能被辨别出其机器身份，那么

这台机器就有智能。这一测试的出现，让人们对会"思考的机器"有了初步认识。

1956 年，在达特茅斯会上，几位计算科学家提出建造一台拥有人类所有感知机器的构想，人工智能的概念才正式诞生。但是，在随后的日子里，人工智能只是实验室的"幻想对象"，普通大众对人工智能的印象，也只是科幻概念而已。

直到近年来，人工智能的浪潮开始席卷全球，关于人工智能、机器学习、深度学习等词汇才开始萦绕在我们耳边。但遗憾的是，大多数人对这些词汇的含义都是似懂非懂、一知半解。有些人觉得人工智能就是深度学习，有些人则把深度学习看做"潘多拉魔盒"一样神乎其神。其实，人工智能并不像我们想象的那么神奇，它还是由机器表现出的一种能力，所以，有些非常认真的科学家，经常使用 MI(Machine Intelligence，机器智能) 来代替 AI(Artificial Intelligence，人工智能) 的说法。

有关人工智能与机器学习，微软全球副总裁、微软亚太研发集团主席兼微软亚洲研究院院长洪小文博士有一篇解读得十分清晰的文章,题目为《以科学的方式赤裸裸地剖析人工智能》。作为人工智能专家，洪小文博士在文中为读者梳理分析了人工智能的发展与未来，非常值得一读。在此我就不再班门弄斧，将洪博士的文章附在本章后供大家参考学习。在本书中，让我们还是采取前面几章的做法，从实战型的角度，理解一下这个人类历史上至今为止发明的最强大的工具，以及如何主动拥抱、有效掌握这个工具以求为人类自身谋取最大福祉。

附：洪小文博士：以科学的方式赤裸裸地剖析人工智能

今天我的题目是"智能简史"（The Brief History of Intelligence），我想谈一下什么是人工智能，什么是人的智能。我想把 AI 赤裸裸地剖析在大家面前。

可能大家也听过不少关于 AI 的演讲，每个演讲人背后可能都有某些目的。我今天是抱着科学的目的，谈一下 AI 到底能做什么、今天能做什么、未来能做什么，没有保留地剖析给大家。

AI 的诞生

今天 AI 已经红到不能再红，包括美国政府、中国政府都非常重视，甚至都要制定政策和策略。过去这两三年可以说是 AI 的一个爆发点。当然也有不少关于 AI 的担忧。1950 年，《时代》杂志就已经提出了 AI 的某种威胁："现代人已经适应了拥有超人肌肉的机器，不过拥有超人大脑的机器还是挺吓人的。设计这些机器的人试图否认他们正创造像他们自己一样拥有智慧的竞争者。"（Time, January 23rd, 1950）

今天埃隆·马斯克说 AI 要毁灭人类，但是 1950 年这种议论就有了。1950 年的时候，第二次世界大战结束才五年。当年做计算机是第二次世界大战时为了造原子弹，每台计算机都要比一个房间大，全世界也不超过十台。这时就已经有人担忧，以后造的计算机比人类聪明怎么办？我们人类一直就对智能充满了期待，而且非常怕受到伤害。

返回来说，为什么 AI 会这么热？第一个理由很简单，没有人愿意天生愚蠢（Natural Stupidity），那就只能做人工智能（Artificial Intelligence）。这个略带玩笑，真正的理由其实是人类有智能（Human Intelligence）。人类之所以可以主宰万物、主宰地球甚至宇宙，靠的就是脑子。如果你看《人类简史》或者《未来简史》，尤其是《未来简史》提到的都是 AI、大数据。

那么，什么是 AI？AI 严格说起来是 61 年前的 1956 年发生的，但是这个定义今天已经被打破了。因为我们学 AI 的人非常清楚，在学术界 AI 是有严格的定义的，但在今天，我可以说任何好的而且可以用计算机实现的事情都变成了 AI。比如，只要你发明一个新的网络协议或者算法，大家觉得你的想法非常好，最终由计算机实现了，不就是人工智能吗？所以，今天从公众角度，只要是一个好东西，能被机器实现，就是人工智能。

但我觉得，我们人有时也会被洗脑。今天 AI 领域炒得很热的一个东西是无人驾驶。大家觉得非常难。无人驾驶还被分成了一到五个水平，最高的一级就是没有司机。但是 1912 年，就有了人类的第一个飞机的自动驾驶（Autopilot）。我想，自动开飞机，不敢说一定比开车难，但是也不见得会比自动驾车简单。那为什么大家不说飞机的自动驾驶是 AI 呢？

AI 早期的英雄们

讲 AI 的历史，我们可以先从电脑的历史谈起。电脑是从哪里来的呢？今年是图灵奖 60 周年，前几年是图灵 100 年的诞辰。图灵当然是非常了不起。他提出一个假设（Church‑Turing thesis），任何可以被计算的东西（用算法描述）就可以用图灵机去算。这个是很了不起的，虽然无法证明。所以图灵在那时就觉得，电脑应该可以模拟我们大脑里所有的想法（Computers can simulate any process of formal reasoning），也就是为什么在那个时候就有了图灵测试（Turing Test）。

但是真正的 AI，要等到 1956 年，是在达特茅斯（在波士顿附近的一个很偏僻的小镇上，也是常青藤的学校之一）举行的一个夏季会议上提出的。当时有五个人参加，MIT 的 John McCarthy 和 Marvin Minsky，CMU 的 Allen Newell 和 Herbert Simon 以及 IBM 的 Arthur Samuel，这五个人就是 AI 的开山鼻祖。这五个人除了 Arthur Samuel 以外，全部拿了图灵奖。其中，Herbert Simon 在中国也很有名，他同时拿了图灵奖和诺贝尔经济学奖。他和 Allen Newell 两个人创立了卡内基梅隆大学（CMU）。其实 CMU 计算机科学系就是这两个人为了做 AI 而成立的。当时，他们从美国军方的国防高等研究计划署（DARPA, The defense Advanced Research）拿到了一些资助。

John McCarthy 是我的师祖，我的老师 Raj Reddy 是他的学生。

John McCarthy 是真正把人工智能取名叫做 AI 的人。现在公认的 AI 之父有两种说法，大部分的说法是 John McCarthy；也有人说是图灵。John McCarthy 那时是在 MIT，后来到了斯坦福。所以为什么说 MIT、斯坦福、CMU 到今天都是 AI 的重镇，更别说当年了，因为当时就只有这三家，都和这些人有关。Marvin Minsky1956 年时还在一个小公司做事，并不在 MIT，直到 1956 年开了达特茅斯会议之后，他才被 John McCarthy 邀请到了 MIT。结果，John McCarthy 后来自己去了斯坦福成立了 AI 实验室。

我自己是在 1984 年开始学习 AI，我到 CMU 也是因为 AI。当时我读 AI 的论文的时候，基本上都读不懂，有几个原因。第一个，自己的英文不好，尤其是在当年的条件下；然后 AI 的论文里面通常没有数学公式，都是文字；然后这些文字里很多是认知心理学，我当时根本读不懂。后来才觉得读不懂是因为一些很简单的东西故意用很复杂的文字写出来。第二个，这些文章里面很多是讲脑，我也读不懂。正是因为读不懂，也就觉得这个东西非常高深，所以一定要好好学习。

到目前为止，AI 总共有八个人，Marvin Minsky (1969)、John

McCarthy (1971)、Allen Newell (1975)、Herbert Simon (1975)、Edward Feigenbaum (1994)、Raj Reddy (1994)、Leslie Valiant（2010）、Judea Pearl（2011）得了图灵奖，比例还是蛮高的。前四个人在 1975 年以前就得了图灵奖，1975 年以后图灵奖就不颁给 AI 了。一直到 1994 年，几乎 20 年以后，我老板和 Edward Feigenbaum 又得了图灵奖。最近的 Leslie Valiant、Judea Pearl 也得了图灵奖，所以 AI 又解冻了。所以从得图灵奖，也能看得出 AI 研究的冷热。

1990 年前的 AI

我当年学习的 AI，和今天是很不一样的。早期的 AI 都是在学习如何模拟人的智能行为，可以叫仿脑，这是它的主轴。我特地翻阅了下我大学的教科书，上面还有我的笔记。这些书在 20 世纪 80 年代是非常经典的，总共三本，分别由 MIT、CMU、斯坦福出版。这些书都已绝版，连亚马逊也找不到，非常珍贵。当年教的 AI 的这些东西，现在很多人都已经没有人能谈了。但其实最近 AI 的复兴，包括未来 AI 要如何往前走，都必须要回去研究这些东西，否则是绝对做不到人的智能的这个地步的。

当时研究什么呢？其一是知识表示（Knowledge Representation）。

我们说隔行如隔山，比如学药学的、学医学的、学计算机的、学化学的，每一个行业都是不一样的，知识表示了之后还要满足约束条件求一个解（Constraint satisfaction），人很多时候是在做这个事情。当年，搜索也是非常大的一支（包括 State-space representation、pruning strategy、深度搜索、广度搜索、A★ 搜索、beam search、Game tree search、Alpha-beta 搜索等），今天的互联网因此受益很多。虽然当时做这个时他们并没有想到互联网，当时想的是如何用搜索来实现智能。特别是包括 Game Tree Search，做计算机下棋这件事情，一直以来都是 AI 研究的。早期最早叫 Checkers，计算机很快打败了人；后来做象棋，后来做围棋，如今所有棋手都下不过机器人。

当时甚至有专门的编程语言，是为 AI 而设计的，做 AI 的人就要学这些语言。有一个叫 Lisp，还有一个叫 Prolog。我想今天已经没有人听过这些东西了，但是在当年是不得了的，做 AI 都要学这些。

然后还研究什么呢？认知心理学，非常重要。我们讲 AI，很多都是认知。有一个词叫 Heruristics，今天已经没有人用这个词，其实还真是 AI。因为 Heruristics 是在你没有数据的时候，或者是很少数据的时候，要用你的直觉来解决问题。

还有的研究是做认知的模型（Cognition Modeling），比如 GPS。当然不是指 GPS 定位，而是一般求解器（General Problem Solver）。难道是什么问题都能解么？ Allen Newell 和 Herbert Simon 得图灵奖就是因为 GPS。而且你真的去读论文的话，很厚。它甚至一语两思，把这个东西转一下，去研究行为经济学也可以，所以 Herbert Simon 又拿到诺贝尔经济学奖。

还有一种模式叫产生并测试（Generate and Test），大概的意思就是我们所谓的大胆假设、小心求证。这些认知的模型看起来很神，基本上它就是把难的东西用数据来表示。但是人的确是这样做的，尤其是到后来，特别是语义、认知，真的很多时候都是在做产生并测试，这个模型本身是没错的。

接下来的一项研究要讲讲我老板。他拿图灵奖，一方面是因为他是语音大师（这个可能也有我的一点贡献）；另外一个导致他得图灵奖的叫做黑板理论。当年搞这些认知的模型是非常重要的，甚至可以得图灵奖。

另外有研究涉及 Semantic (Frame) 我们今天还在用。今天做

Siri，微软做小冰、小娜，或者做 Google 助手、百度度秘，用的是这个技术。

还有一个东西在当年非常红，叫做专家系统。而且最早期的专家系统很多东西应用在医疗，很有名的叫 MYCIN (medical diagnosis)，就是传染疾病了，靠一些规则去诊断。

当然还有专门研究感知的，比如，我就是做语音和自然语言处理。那语言怎么做呢？就是有点像大家学英文的文法。但是文法都有例外，一有例外就搞不定，所以这些东西进展都不是那么好。

还有就是计算机视觉，今天也红得不得了，比如刷脸。可是当年的计算机视觉和所谓的机器人，在当时是非常可怜的一个项目。当年都是只能研究玩具样的问题（toy domain），做的东西都是方块世界的理解（Block-world understanding）：就是有一堆砖块，砖块是这样的状态，怎么样变成那样的状态，来回搬砖块。最多了不起了研究一个桌子。一辈子做计算机视觉，就研究椅子、研究桌子——还不是两个都研究，只研究一个。当年能做的只有这些东西。

然后是机器学习。机器学习大概是在 20 世纪 80 年代开始，但是当时的学习也是研究人怎么学习，而且有一大堆机器学习。今天的机器学习变得很单一，就是深度神经网络一个，当年有很多种：比如有被告知和指令学习（Learning by being Told & from Instruction）；有通过改正学习（Learning by Correcting Mistakes）；有基于训练神经网络的学习（感知器）等等。1990 年以前的 AI，和今天有很大的不一样。

谈 AI 的历史，需要谈谈很有名的 AI 寒冬

第一次 AI 寒冬是在 1975 年左右。1956 年，在达特茅斯会议之后，包括很多国家政府，美国国家科学基金会、军方，大家满怀希望投了很多钱。但是到 1975 年以后发生了几件事情，让 AI 进入了寒冬。

第一件事是，因为 AI 只能解决 Toy domain（摆弄玩具一样的简单任务）。那个时候做语音，只有 10 个词汇；下象棋，大概是 20 个词汇；做视觉的人，都不能辨认出一个椅子。第二件事情，1956 年美国打越战，还有石油危机，所以经济也不是那么好；还有一个很有名的英国学者 Lighthill，说 AI 就是在浪费钱，AI 的研究经费也因此遭到大幅削减。

到 1980 年，有些公司如 IBM 开始做一些专家系统，可以说也是有限的应用。尽管有一些缺点，但还是可以做一些事情，据说有十个亿的产出。因此，AI 也就开始回春。我也是这个时候开始进入

AI，所以也蛮幸运的。

我是 80 年代去美国 CMU（卡内基梅隆大学）的。我记得当时日本很有钱，到处在美国买楼、建实验室，所以当时日本提出了一个第五代电脑系统计划（5th generation computer systems，FGCS）。当时还有公司专门做 Lisp Machines（通过硬件支持为了有效运行 Lisp 程序语言而设计的通用电脑）。就有点像今天 DNN 红，大家都在做 DNN 芯片，那时候大家都在做 Lisp Machines，Thinking（Connection）Machines，然后神经网络也开始发芽。

不过，到 1990 年中，AI 又第二次遇冷，为什么会这样？因为第五代计划失败，Lisp Machines 和 Thinking（Connection）Machines 都做不出来；而神经网络，虽然有意思，但并没有比其他一些统计的方法做得好，反而用的资源还更多，所以大家觉得也没什么希望了，于是 AI 又进入第二个冬天。

20 世纪 90 年代统计路径的显现

差不多在冬天这个时刻，统计的方法，使用数据的方法出现了。

AI 在 1990 年以前都是用所谓的研究人脑的方式来做；而我们有太多理由来相信人脑不是靠大数据的。比如，给一个小孩子看狗和猫，看几只他就可以辨认了。可用今天的方法，要给计算机看几十万、几百万只狗跟猫的图片，它才能辨认是狗还是猫。用大数据这种方法，就在第一次 AI 寒冬和第二次 AI 寒冬之间开始萌芽。虽然 AI 是一批计算机科学家搞出来的，但事实上有跟 AI 极其相关的一门知识叫模式识别。模式识别一直以来都由工程师在做，从 20 世纪 40 年代开始统计学家就在做模式识别。

我们这代人学计算机就知道两个人，一个人叫傅京孙（K. S. Fu），另一个人叫窦祖烈（Julius T. Tou）。如果 AI 选出 60 个人的名人堂，里面会有一个叫傅京孙，那是大牛。傅京孙严格上来讲他不算做 AI 的，但是可以包括进来，因为他也做模式识别。模式识别里面也有两派，一派叫统计模式识别（Statistical Pattern Recognition），另一派叫做句法模式识别（Syntactic Pattern Recognition）。80 年代的时候，句法是很红的，统计的无人问津，后来 1990 年以后大家都用统计。

我们做语音的人很清楚，后来引入了隐马尔可夫模型（Hidden Markov Model），都是统计的方法，到今天还是很有用。尤其是在华尔街，做金融投资，做股票，很多都是做时间序列（time series data），而隐马尔可夫模型这个东西是很强大的。甚至可以说，统计的方法是我们做语音的人（发展起来的）。而且早在1980年，我们做语音的人就讲出这句话"There is no data like more data"（没有什么样的数据比得上更多的数据）。从现在的角度来看，这是非常前瞻性的，而且就是大数据的概念。我们那个时代的数据量无法和现在相比，但我们已经看出来了数据的重要。而且IBM在这方面是了不起的，他们一个做语音的经理有次说，每次我们加一倍的数据，准确率就往上升。

决策树也是第一个被语音研究者所使用。然后就是贝叶斯网络（Bayesian Network），几年前红得不得了，当然现在都是用深度学习网络（deep neural network, DNN，在输入和输出之间有多个隐含层的人工神经网络）了。我为什么要提这些东西？今天我觉得很多人上AI的课，可能75%、80%都会讲DNN，其实AI还是有其他东西的。

今天要教AI也是非常困难的。我还特别看了一下最近的AI教科书。学术界教AI，还会教这些东西，但是如果去一般或者大多数公司，全部都是在讲DNN。我觉得现在找不到一本好的AI教科书，因为早期的书统计没有讲，或者没有讲 DNN。我也看了下加州大学伯克利分校的 Stuart J. Russell 和 Peter Norvig 写的教科书《Artificial Intelligence: A Modern Approach》，里面 DNN 提了一点。可能现在也不好写 AI，因为 AI 提了这么多东西，人家说根本没用，不像 DNN 的确很有用。

我稍微解释一下 DNN 和一般统计方法的差别。统计的方法一定要有一个模型，但是模型一定是要有假设。而你的假设多半都是错的，只能逼近这个模型。数据不够的时候，一定要有一定的分布。当数据够了，DNN 的好处是完全靠数据（就可以），当然也需要很大的计算量。所以 DNN 的确有它的优点。以前我们用统计的方法做，还要做特征提取，用很多方法相当于做了一个简易的知识表示；现在用 DNN 连特征提取都不用做了，只用原初数据进去就解决了。所以现在讲 AI 不好讲的原因是，DNN 讲少了也不对，讲多了的话，说实在的，全是 DNN 也有问题。

神经网络的起伏

最早的神经网络叫感知器（Perceptron），跟第一个寒冬有关。因为一开始的感知器没有隐含层（hidden layer），也没有激活函数

（activation function），结果 Marvin Minsky 和 Seymour Papert 这两位就写了一本书《感知器》说，感知器连异或（XOR）都做不出来。那么，做感知器还有什么用？所以基本上就把整个神经网络第一代的进展扼杀了。

感知器连最简单的逻辑运算"异或"都无法做到，某种程度上导致了 AI 的寒冬。

其实后来人们发现误会了，其实书并没有说的那么强，不过的确造成了很大的影响。一直到 1980 年，做认知心理学的人，代表性的如 Rumelhart 和 Hinton 才复兴了 AI。

Hinton 早期是做认知心理学的。Hinton 先在 UCSB（加利福尼亚大学圣巴巴拉分校），后来到了 CMU。Rumelhart, Hinton 和 McClelland 复兴了多层的感知器，加了隐含层以及 back-propagation 算法，这个时候神经网络就复兴了。而且神经网络只要加上隐含层，事实上，只要加一层，再加上激活函数，就可以模拟，甚至还有人证明可以模拟任意的函数，所以神经网络一下子就变得红了。卷积神经网络（Convolutional neural network, CNN）那时候就开始出来了，然后是递归神经网络（Recurrent neural network, RNN）。因为如果要处理过往的历史，有存储，就需要回溯。用于语音和自然语言处理的时间延迟的神经网络（Time-Delayed NN，TDNN）也都有了。

不过，那时候数据不够多。数据不够多就很容易以偏概全。第二个因素是，计算的资源不够，所以隐含层也加不了太多。这样，神经网络虽然大家都很有兴趣，也能够解决问题，但是却有更简单的统计方法，如支持向量机（Support vector machine，SVM），能够做到一样或者略好。所以在20世纪90年代就有了AI的第二次冬天，直到DNN的出现才又复苏。

AI 的复苏

AI 的复苏，可能要从1997年开始说起。1997年，深蓝打败了国际象棋冠军 Garry Kasparov。这里我要提一下一个人叫许峰雄。他当时在 CMU 做一个当时叫做深思（deep thought）的项目，基本上架构都有了。结果，IBM 非常聪明。他们到 CMU 参观，看到许峰雄这个组。然后也没花多少钱，就买下了这个组，让这些人到 IBM 做事。IBM 当时就看到，在五年之内就可以打败世界冠军，其实真正的贡献都是在 CMU 做的。许峰雄后来也离开了 IBM，加入了我们，一直做到退休。AI 的复苏实际上才刚开始。有人说这个也没有帮助到 AI 复苏，因为深蓝可以打败国际象棋的冠军，也不是算法特别了不起，而是因为他们做了一个特殊芯片可以算得很快。当然，AlphGo 也算得很快，算得很快永远是非常重要的。

到了 2011 年，IBM 做了一个问题回答机器叫沃森（Watson），打败了 Jeopardy 游戏的冠军。Jeopardy 这个游戏有一点像记忆的游戏：问一个常识的问题，给四个选项。其实沃森打败人也没什么了不起的。

到 2012 年，AI 的复苏就已非常明显。机器学习和大数据挖掘变成了主流，几乎所有的研究都要用，虽然还不叫 AI。事实上很长一段时间，包括我们做语音和图像，对外都不讲 AI。因为 AI 这个名字那时变得有点名声不好。人们一说起 AI，就是不起作用。第二次 AI 寒冬的时候，只要听说某个人是做 AI，那就认为他做不成。其实机器学习也是 AI 的一支。

现在回到深度学习，有三个人对深度学习做出了很大贡献。第一位，Hinton。这个人非常了不起。了不起之处在于当没有人在乎神经网络的时候，他还在孜孜不倦地做这个东西。第二个做 CNN 的是 Yann LeCun。他也是做 CNN 一辈子，在 AI 冬天的时候继续做，所以今天很多 CNN 该怎么用来自于 Yann LeCun。另外一个叫做 Yoshua Bengio。

所以今天讲到 DNN、讲到 AI，没有前人的种树，就没有后人的乘凉。这 61 年的发展，这些辛苦耕耘的人，大家需要记住这些人。今天在台面上讲 AI 的人都是收成果实的人，讲自己对 AI 有什么贡献，我觉得就太过了。

还有一个跟 AI 有关的，大家记得 Xbox 几年前有一个叫 Kinect，可以在玩游戏的时候用这个东西，我觉得这是第一个发布的主流的动作和语音感知设备。当然之后就有 2011 年苹果的 Siri，2012 年 Google 语音识别的产品，以及微软 2013 年产品，这些都是 AI 的复苏。直到 2016 年，AlphaGo 打败了李世石，打败了柯杰，AI 就彻底复苏了。

今天的 AI

DNN、DNN 还是 DNN。我不是有意要贬低 DNN 的重要性，但如果说 DNN 代表了所有的智慧也言过其实。DNN 绝对非常有用，比如计算机视觉，会有 CNN；自然语言或者语音的，就有 RNN，长短时记忆（Long Short-Term Memory，LSTM）。计算机视觉里面有一个图片集 ImageNet。我们很荣幸在几乎两年前，微软在该图片集上辨认物体可以跟人做得一样好，甚至超过人。

语音也是一样，微软在差不多一年前，在 Switchboard，任意的一个任务里面也超过了人类。机器翻译我相信大家都常用，可能是每天用。甚至看起来好像有创造性的东西也出现了，比如小冰可以写诗。我也看到很多电脑画出来的画，电脑做出来的音乐，都表现得好像也有创造力一样。

不过，虽然 AI 很红，机器学习，大数据大家都听过，特别是做学问的人还听过大数据挖掘，那么这三者有多大的差别？我常说这三个东西不完全一样，但是今天这三个的重复性可能超过 90%。所以到底是 AI 红，还是大数据红呢？还是机器学习红呢？我觉得有那么重要吗？

2.人工智能的"一、二、三、四"

人工智能是一个非常宏大的话题，所以也有人说，人工智能是人类文明迄今为止的集大成者。它的名词来源于Artificial Intelligence，当然，就像之前所说的，称之为"Machine Intelligence"或许更为精准些。它的学科，涵盖了计算机科学、数学、神经学、心理学、语言学、哲学等众多领域，很难用短的篇幅描述清楚。为了帮助读者在百忙之中能够快速地抓住学习要点，我尝试将了解、掌握和应用人工智能的要点总结为"人工智能的一、二、三、四"的简单框架，为广大需要了解人工智能作为日常决策工具的非专业人士起到一个入门的作用。所

谓的"一、二、三、四"，即，

一：一个中心，以实用为中心

二：两个基本点，计算机科学与神经科学的共同进步

三：三种能力，基础能力、通用能力、行业能力

四：四大支柱，人才、数据、算力、算法

要强调的是，这个"一、二、三、四"的总结是极度提纲挈领式的，目的在于以最短的篇幅让读者有个跨越表面现象观看本质的机会，而不会受限于是否需要具备计算机、数学与神经科学的相关知识。因此，如果真正要进入到人工智能的领域，对于没有基础的读者，建议大家可以从一些公开课，如微软人工智能公开课入手（链接：https://mva.microsoft.com/colleges/microsoftai）。待有了一定基础后，需要动手实操之前，对于非软件开发人员，可以通过 Jupyter Notebook（链接：http://jupyter.org/）这个强大的数据科学开源工具进行学习与实践。对于软件开发人员而言，一个强大

高效的专业开发工具就变得非常重要了，除了常用的 Jupyter Notebook，大家还可以尝试微软公司专门为人工智能应用开发推出的 Microsoft Visual Studio Tools For AI (https://marketplace. visualstudio.com/items?itemName=ms-toolsai.vstoolsai-vs2017) 或者 Visual Studio Code Tools For AI (https://marketplace.visualstudio. com/items?itemName=ms-toolsai.vscode-ai)。我的观点始终是，"工欲善其事，必先利其器"。永远不要低估一个好的工具对事物的推动作用，微软作为一个具有深刻软件基因的企业，其对软件开发工具的理解，也是非常深刻的。

2.1 一个中心：人工智能是拿来用的

"人工智能是什么？"当有人提出这个问题的时候，我相信很多人第一时间会想到会下棋的 AlphaGo。是的，就在 AlphaGo 战胜世界围棋冠军的新闻爆出之后，人们发现原来只存在于电影世界的人工智能，其实已经来到现实世界里了。随后，一系列的新闻报道，似乎都在告诉我们人工智能的春天到了。

事实上，这并不是人工智能的第一个春天。早在 20 世纪 50 年代，人工智能概念刚被提出之时就引发了极大关注。但是，因为当时技术远未达到预期，所以，那个"喧嚣与渴望、挫折与失望交替出现的时代"很快就结束了。历史告诉我们，只有资本和舆论炒作，缺乏技术和产业支持的人工智能，最后只会沦为新一轮泡沫。

今天，人工智能再次被资本追捧，被大众关注，其背后是过去的模拟数据正在快速被数字化，由此带来的大量数据，需要人工智能的帮助。另一方面，在摩尔定律下，处理器的速度也在迅速提升，海量数据并行分布式运算的体系也日趋成熟，再加上数据存储成本的下降，通讯网络的完善，这也为人工智能分析、学习这些数据提供了理论和技术上的可能性。在此基础上，日渐成熟的人工智能从概念变为现实。

我认为，通过智能化技术的突破，来提高社会效率，降低生产成本，从而让我们的生活变得更轻松、便捷，这是大势所趋。但值得注意的是，人工智能技术只有被拿来使用，才能造福于人。如果人工智能只是被拿来炒作，拿来忽悠的话，那它只会迅速从高潮掉入谷底，再次变成泡沫。

其实，只要我们稍加留意就会发现，已经有越来越多的人开始谈论人工智能，谈论智能技术。然而，在这种技术洪流的大潮之下，大家更关注技术的识别度是不是够高，网络技术的速度是不是够快，延时速度是不是够短，以及各种评比打分，颇有一番应试教育的味道，而真正愿意触及技术本质以身体力行的人却依旧寥寥无几。在这种大环境下，人工智能成了市场营销最热门的噱头与卖点。为此，我还曾经在一次人工智能大会上，以"人工智能是拿来用的，不是拿来炒的，更不是拿来吹的"作为演讲主题，也算是表达了对这种浮躁的一个态度。

过去几年，我们先是看到云计算被炒作为新趋势，紧随云计算之后，物联网又被看做更新的趋势，现在物联网的热潮还没退去，人工智能的这把火又烧了起来。在舆论的喧嚣中，我们偶尔会看到人工智能技术实际应用的案例，最后也都在做评比、做演示，成为被过度包装的"宣传品"。

我们以 AlphaGo 为列，大家看到 AlphaGo 战胜了围棋冠军，所以，就得出机器人能战胜人类的结论，但其实这就是典型的炒作。如果你认真用科学方法，以严谨的逻辑进行分析，就如前文所说的，这个技术很先进，但并不神奇，更不是神话。真的懂得逻辑，你就发现，这其实就是标准的"白马非马"论，是一个完全经不起推敲的逻辑陷阱。

卡内基—梅隆大学移动机器人实验室主任 Hans Moravec（汉斯·莫拉维克）说："让计算机在智能测试或者下棋方面展现成人的水准，相对简单。但是让它们掌握一岁孩子的认知和迁移技能，却十分困难，甚至不可能。"所以你看，AlphaGo 虽然是"围棋高手"，但是，它并不会听、说、读、写，它连一岁的小孩都不如，又怎么可能说它战胜人类呢。

但是，这门技术，作为一种工具，是十分强大的，会让拥有这个工具的人类，具备不拥有这个工具的人类的"降维打击"能力。其实，人工智能的飞速发展，留给我们炒作的余地已经不多了，既然明白了它的力量，以及失去这种力量的后果，就要努力学习，勇于实践，按照"云 - 物 - 大 - 智"的次第顺序，稳扎稳打地建立起国家、企业以及个人的核心竞争优势，而不要再花精力去做那些沽名钓誉、哗众取宠的无用功了。套用一句网络用语：所有没有实用场景的人工智能都是在耍流氓。当然，社会还是需要科学家去探究人工智能的未知领域，但对大多数企业与个人而言，这是一个"学"以"致用"的过程。正因为这是个"国之重器"，就更需要我们认真对待，尽快将人工智能的力量发挥至实际应用场景，来取得最大的社会效益。

目前，经过数十年的积累，人工智能比较成熟的应用主要集中在视觉识别、语音识别及搜索等领域。通过语音识别，动动嘴就可以向机器下达指令；借助图像识别，刷刷脸就可以快捷支付……可以说，人工智能的应用正在逐渐融入我们的生活。

接下来，只要我们认真遵循人工智能发展的科学路线，在后面会讲到的人才、数据、算力、算法上认真做足功课，结合日常中的真实需求，在科技界和产业界协作共进的前提下，就一定能够在这一轮历史大潮中占得先机。

2.2 两个基本点：计算机科学与神经科学

很多人应该听说过这样一种说法："人类的懒惰促进了科技的发展"，很明显这种观点带有很强的娱乐性质。不过，我们研究人工智能的目的，的确是希望机器能够胜任一些通常需要人类才能完成的复杂工作。我相信科技研究的用意绝不是让人可以更懒惰，但是最终的结果确实为人类省掉了不少麻烦。在表明了人工智能的目的之后，我们再来看看人工智能的实质，人工智能就是在计算机上实现类似于人脑的功能。所以我说，要实现人工智能就要抓住计算机科学和神经科学，尤其是脑神经科学。

在工作与生活中，我们几乎每天都会接触到计算机，但是对于计算机的工作原理，我相信除了少数的专业人士，不会有太多人去深入了解。计算机就是一种在程序驱动下的算术和逻辑运算机器，目前的主流架构是以数字电路原理实现二进制表达式，基于冯·诺依曼架构，利用数字电路计算与存储的功能来进行针对数据的操作。现代教学体系分科现象严重，即使是学习与计算机科学相关专业的学子，当进入职场后，大部分要么走软件路线，要么走硬件路线，很少再有融会贯通计算机软、硬件的全才。当然，采用这种方法在行业稳定的时候，不会有什么大问题，反而是职业纵深发展的有效策略。但一旦出现行业的颠覆性变化，比如目前的人工智能和量子计算的飞速发展，就不是仅靠软件或硬件能力所能够应付的。现在无论是计算量还是数据量，都在不断挑战原有计算机架构与数据库结构的设计极限，要想解决这些问题，就不得不回到计算科学的本源，从最基本的图灵机原理、数学与计算理论，到通用的冯·诺依曼架构，从指令集，到数据库结构，深度挖掘潜力，才能够有根本性的突破。如果只是完全的拿来主义，完全照搬现有的硬件、软件、算法框架，很难在这个计算与数据大发展的时代，产生革命性的科技领军人物。

以上所讲的，还仅仅是与人工智能关系最为密切的计算与数据，而要实现完整的人工智能，需要研究的方向涵盖了计算机科学的众多领域，比如机器学习系统、计算机语言、图像处理、语音识别、控制论、机器人学、人机交互等。这也是为什么说人工智能是计算机科学发展至今的巅峰之作了。

那么除了计算机科学，为什么还要专门把神经科学强调出来呢？从人工智能的发展史可以看出，实际上，人工智能技术最早的确是希望通过计算机模拟人类大脑的思维方式作为起点的，当这条路走不通之后，阴差阳错，才使得以大数据为"口粮"，依赖统计学原理的新一轮人工智能技术登上了历史的舞台。在这过程中一直有科学家在质疑，就像人类的飞行梦想是以模仿鸟类的飞行起，以现代固定翼飞行技术而发扬光大，也就是脱离了"仿生"的固有思路才真正实现了人类的飞行愿望，那么对于人工智能而言，是否一定要依靠模仿大脑的运作方式来实现呢？

这个问题其实还没有答案，但不可否认的是，人工智能还是一个非常年轻的学科，还有很多基本原理没有结论，其中首推人类思维的决策机制，即人类大脑和各级神经丛与神经是如何根据当下感知信号、后天经验积累以及先天思维逻辑做出各类行动决策的。正因为如此，以人类大脑和神经行为为师，就不妨是当前发展人工智能的一条捷径了。

人类的大脑是一个拥有上千亿个神经细胞的神经系统，通过神经元之间的相互连接，我们可以得到一个由百万亿计算连接组成的复杂神经网络，通过这一个网络可以实现感知、运动、思维等各种各样的功能。人类学习成长的过程也就是这个神经网络变得复杂有效的过程，所以说，神经元之间的连接学习是智力发展的关键。以目前的研究来说，我们对大脑工作原理的理解还有很大进步空间。而人工智能在诞生之初，就已经受到脑神经科学的强烈影响，所以说，我们对脑神经的研究在某种程度上也决定人工智能研究的进程。

20世纪50年代，科学家提出简单模拟大脑神经元和神经网络的感知器后，立刻在学术界引起了轰动。当时人们认为，只要神经元足够多，网络连接足够复杂，感知器就能模拟部分人类的智力。遗憾的是，人工智能奠基人之一的马文·明斯基（Marvin Minsky）后来证实，感知器在单层神经网络下，只能实现线性函数，也就说连最简单的"异或"逻辑都无法实现。而多层神经网络的学习在当时被认为是不可能的。

尽管后来人们才意识到这种结论的武断性，但已经阻止不了神经网络研究的第一次衰落。之后几十年的起起伏伏，以及今日深度神经网络和深度学习的辉煌，读者可以参考之前介绍的微软洪小文博士的文章，这里就不重复了。

总之，随着深度学习的出现，解决了人工智能领域努力很多年仍无法进展的问题，它能够发现高位数据中的复杂结构。在语音识别、图像识别等重要领域，深度学习几乎打破了其他所有方法保持的纪录。在深度学习技术下，人们看到人工智能实现的可能。但是，无论现在神经网络的能力多么优秀，还只是对人类神经细胞工作方式的最基础模仿，远没有上升到人类大脑和神经丛的运作机理层面，人类要想通过人类自己的大脑学习的知识还有很多，但受制于我们对大脑的认知和学习机理的局限性，面对情感认知等领域深度学习依然束手无策。

所以，我们不能因为目前人工智能所取得的微小成就，就以为到达了一个制高点，路其实还很远。有人曾经说过"大脑是个小宇宙，宇宙是个超级大脑"，我们的大脑和宇宙一样复杂深奥。实现人工智能技术的突破，神经科学显然是个绕不开的话题。要想取得人工智能的新突破，神经科学和计算机科学是研究人工智能的两个重要基本点。

2.3 三种能力：基础能力、通用能力、行业能力

科技的发展史，实际上就是人类认知世界、改造世界能力的拓展史。从古代的轮子、印刷术，到现代的卫星、火箭，科学技术的进步，赋予了人类更强的能力，去改造世界，改变生活。今天，人工智能作为一种新的技术，一种新的能力，它的出现或将成为最大的社会发展加速器。

就目前来看，人工智能还处在技术创新期，要实现智能技术的普及，我们还有一段路程要走。在赶路的过程中，为了让每个人都有机会有效地理解和掌握人工智能，我们需要依次打造这三种能力：基础能力、通用能力、行业能力。

正所谓："工欲善其事，必先利其器"，想要让人工智能技术发挥最大的力量，我们必须具备与之匹配的能力准备。

让我们先来看看什么是基础能力，所谓基础能力就是我们对人工智能基本知识的认知以及基本技能的掌握。举个例子来说，曾经人们对文盲的定义是不认识字，后来，随着计算机的

普及，我们又将不会使用计算机进行交流、学习的人称作文盲，这种文盲也被称为功能型文盲。未来，不了解人工智能技术，无法掌握人工智能应用的人就是新时代的文盲。而人工智能基础能力的普及工作，可以说就是一个新时代的"扫盲"过程。

那么，我们应该掌握的基础能力都包括哪些内容呢？首先，我们应该了解，人工智能是数学和算法的表达方式，人工智能实际上只是机器的智能。当我们提到人工智能的时候，第一反应是如何利用机器，而不是被机器所取代。基础能力的掌握，可以帮助我们认清人工智能的本质，而只有当我们真正理解了人工智能的本质内容后，我们才能拿出正确的态度去面对新的环境，新的改变，而不是活在被人工智能消灭的恐慌里。具体到每个人而言，终身学习估计是躲不开的话题。我们并不需要成为人工智能的开发者，但一定要成为人工智能的使用者。就像在第一次工业革命前期，那些不畏惧机器操作的挑战，从一个手工业者，成长为机器操作员的人类就生存下来了，得以进入大机器时代。等到真正适应了机器时代，就会发现机器时代远比之前想象的简单和方便。同样的，在人工智能时代来临的时刻，主动使用诸如微软"小冰"和"小娜"智能助手，小米智能音箱，问问智能耳机的人类，就比其他人多了一份适应新时代的能力；如果再主动学习网络上遍布的人工智能课程(比如之前介绍的微软人工智能公开课)，就又多了一份优势；如果还能借此机会去学习一门计算机语言（我会推荐非专业人士通过 Python 语言入门），那就再好不过了。总之，既然还是机器智能，那么理解并掌握与具备这种能力的机器打交道的能力，就是每一个希望在即将来临的智能社会游刃有余的人类所应具备的基本能力。

关于通用能力的概念，主要针对的是开发者。未来的软件和应用，都会包括人工智能的功能，而许多厂家，已经把诸如人脸识别、语音识别、视频监控等的通用人工智能算法以 API（应用开发接口）的方式提供给开发人员调用，这些在通用算法之下产生的应用，就是通用能力的体现。在这里，我就拿微软的人工智能应用开发接口举个例子，读者可以自行体验并尝试各家人工智能企业对外开放的开发接口。微软公司是人工智能领域积淀最深的科技企业之一。"让每一个开发者都能轻松运用人工智能技术"更是微软重要的目标。可以说。为了帮助人工智能走出象牙塔，为全民所用，微软在应用开发上投入了大量时间与精力。目前，在视觉、语音、语言、知识等应用领域微软已经拥有比较成熟的技术和产品，同时由于作为软件企业的成长历史，微软还专门为人工智能应用开发推出了功能极为强大的软件开发工具，这个工具在前文已做了介绍，这里就不重复了。

Windows 10 系统的新解锁方式 Windows Hello，用的就是微软的人脸识别技术。目前，微软的人脸识别技术不仅可以造福自己的用户，同时它还被用来解决更多问题。我们都知道，打车应用 Uber 面临着无法确保使用 Uber 账号开车的就是司机本人，但是这个难题完全可以通过人脸识别功能来解决。在美国一些城市的司机端 Uber 就用上了微软的人脸识别技术，只要打开摄像头就能确认是否是司机本人在开车。

此外，随着 How-old.net、TwinsOrNet.net 等应用被广大用户所熟知，微软的认知服务也从幕后逐渐走向台前。如果你是一位社交网络达人，那你一定记得曾经在朋友圈玩得不亦乐乎的 how-old 年龄测试。在这项测试中，用户只需上传一张人物照片，照片中人物的年龄就可以被识别出来。TwinsOrNot 则是用来测试两个人相似度的应用。

这两个应用都出自微软的牛津计划（Project Oxford），而这个计划的目的就是"让不懂人工智能技术的开发者，也拥有和人工智能专家一样的能力"，其主要内容就是向公众开放语意理解智能服务，和已经开放的图像、语言、文本等识别功能一起，帮助开发者制作更加智能的移动应用。

最后，我们再来看看行业能力。行业能力是针对希望利用人工智能技术提升自身核心竞争力的企业或机构而提出的。在智能社会，无论是传统行业还是互联网行业都将被再次颠覆。面对我们还未可知的改变，每个行业都应该努力地把自身行业的知识与人工智能密切结合，只有行业主动接受人工智能，才能在未来占据主导地位，相反则只能被淘汰。在行业应用领域，前面提到的通用人工智能算法已显得力不从心。比如以人脸识别为例，能够识别出性别、情绪和年龄的通用人工智能算法，并不能保证能够帮助安全机构准确判别出犯罪嫌疑人，这时就出现了专门为行业特点定制的人工智能算法。

要强调的是，行业能力一定不是技术专家实现的，行业能力一定是技术专家与行业专家一起创造的。以我实施人工智能项目的体会，人工智能项目的成功落地，必须基于人工智能算法专家对行业特色的充分尊重，以及行业专家与算法专家的密切合作而共同完成。

智能社会的浪潮袭来是有一个过程的，在这一过程中，每一个人，每一家企业，每一个行业都将面临巨大冲击。当大浪过后，谁将被拍在沙滩上，谁又将踏浪而行，这完全取决于我们是否做好准备，是否逐次具备了以上三种能力。

2.4 四大支柱：人才、数据、算力、算法

近两年来，随着微软、谷歌、百度等企业在人工智能领域的投入，我们看到了人工智能在商业上的一些成果。并且，随着企业的宣传攻略和媒体的热炒，人工智能时代的气氛似乎是愈演愈烈。但是，人工智能从概念到现实还需要人才、数据、算力和算法四大支柱的日渐成熟。

21 世纪什么最贵，答案是人才。同样，对智能社会来说，人才依然很珍贵。未来，我们需要的人才，不是和机器做无谓竞争的。因为在机器擅长的领域，人类一定是甘拜下风的。就像有了汽车、飞机，马车就失去使用价值一样。智能机器的出现，将代替人类完成大部分体力工作以及计算、推理和信息采集等相关工作，在这些领域，不需要人类再去与机器竞争。智能社会需要的是具备创新能力，具有创造性思维的人才。

就现阶段情况来看，社会上最缺乏的人才，不是技术研发者，而是对技术本质，对技术内涵有基本认识的人。这是一个巨变的时代，而且是一个变化方向大致明确的时代。在这种时候，不缺高大上的战略论调，缺乏的是脚踏实地、按部就班的实施路径。很多应用场景会被推翻，但很多事物的本质并没有改变，就像之前提到的作为人工智能基础的计算机理论和神经网络理论，虽然几经沉浮，但基本理念并没有改变，改变的只是具体应用的个别关键前提，比如神经网络的本质未变，之前只是因为计算能力和数据量的欠缺而导致无法实现多层神经网络，从而导致神经网络方法的一度衰落。再比如，由于当前计算机冯·诺依曼架构的先天局限性，已渐渐无法胜任人类对计算机计算能力的要求，那么我们是继续采取"修修补补"的策略，还是痛下决心，力争开创一个超越冯·诺依曼架构的新格局呢？这些挑战，都说明我们社会急需的是在喧嚣的炒作声中，能够独立思考，踏实前行的科技人才。

接下来我们再来谈谈数据，前文已经讲述过，数据是新时代的"口粮"。对我们来说，粮食的种类有很多种，数据也一样，数据也有种类不同，也存在好坏之分。未来，企业与社会的发展，需要在数据结构上下功夫，从现在开始就把工作流程和工作内容数字化，同时把历史资料数据化，建立一个系统完善的数据结构，才能具备新时代的"口粮"储备，才可以在未来的竞争中立于不败之地。

算法方面，随着深度学习和工程技术体系的成熟，包括通过云服务或者其他开源的方式向行业的技术输出，先进的算法已经更容易被用于产品和服务，越来越多的人和企业有机会使用这些算法。我们以人脸识别技术为列，在 2013 年深度学习应用到人脸识别之前，各种方法的识别成功率只有不到 93%，低于人眼的识别率 95%，因此不具备商业价值。而随着算法的更新，深度学习使得人脸识别的成功率提升到了 97%。这也为人脸识别的应用奠定了商业化基础。

赫拉利的《未来简史》为我们描述了未来算法与我们关系的三种可能：第一，算法相当于我们身边的先知，你可以向它答疑，但决策权在你自己手里。第二，算法相当于我们的代理人，你告诉一个大的方向和原则，让它去执行，在执行过程中的一些决策，它自己决定。第三，算法将成为我们的君主，我们的一切都由算法决定。但具体会发展成何种方式，就是我们这一代人需要努力探索和实践的了。人类与算法的关系，既是技术问题，也是伦理问题，最终是哲学问题。

目前的算力的提高主要依赖于 GPU 的大规模应用。与传统 CPU 时代相比，GPU 由于其先天的并行处理能力，其数据并行处理效率有了大幅提升。以前需要由 CPU 计算数月甚至数年的项目，现在利用 GPU 可以几天甚至几小时、几分钟就可得出结果。但是，这是最优化的方法了吗？肯定不是。随着 FPGA、 ASIC 芯片技术的大规模商用化成熟，已经趋于饱和的依赖于 CPU 和 GPU 的计算，仿佛又看见了新的曙光。但我们还要清醒地认识到，算力的真正提升，以现在技术发展的速度，马上就会受限于当前芯片、计算机架构等自身的局限性，如何突破限制，完全不是照搬照抄现有概念所能完成的了。还是像前面讲的，需要回到计算的本质，重新思考影响计算能力的各个因素，从原理底层进行优化、改进甚至革新。而这，又回到了第一条：人才的话题。

另外，由于行业细分的缘故，再加上人工智能实现的复杂程度，对于仅需要应用人工智能来提升自身竞争力的企业而言，一般只需专注于人才的培养和数据的收集。市场上会有专注于在算法和算力上投资的专业公司来完成与这些企业的行业需求对接。

总而言之，真正理解智能本质的人才，让人工智能有了生根发芽的土壤；数据是驱动人工智能取得更好能力的核心要素；优秀的算法给人工智能的商业化带来了希望；高性能硬件组合成的计算能力，满足了人工智能的计算需求。所以说，人才、数据、算力、算法四大支柱相互促进，相互支撑，才可以让人工智能从理论概念快速地走向现实世界。

3.避免科技时代的新迷信

在前文中我们已经提到，人工智能的概念早在 20 世纪 50 年代就已经被提出，自那时起，"会思考的机器"与人类之间的挑战赛，就以"图灵测试"的形式正式拉开了序幕。第一个令人震撼的人工智能事件，是美国 IBM 公司的"深蓝"战胜世界排名第一的国际象棋大师卡斯帕罗夫。在这之后，人工智能战胜人类的事件开始屡见不鲜。从李世石到柯洁，从这些围棋大师的失败中，一些人似乎看到了整个人类败给人工智能的影子。

败给人工智能让人类感到恐惧，看起来是顺理成章的。但是，自工业革命以来，机器在很多方面早已经让人类"一败涂地"了啊，努力回想一下，手工纺织者是不是败给了纺织机，人类的双脚是不是败给了汽车、轮船、飞机，可是我们有惧怕这些机器吗？那么，为什么今天我们会对人工智能表现得如此恐惧呢？道理很简单，因为从一开始我们就没搞清楚究竟何为人工智能。

我们所理解的人工智能，是从 Artificial Intelligence 翻译而来的，那么，我们就从"人工"和"智能"两个部分来定义人工智能。首先，"人工"（Artificial）很好理解，就是在人类力所能及范围内所制造出来的。"智能"（Intelligence）是指人的智慧和行动能力，从感觉到记忆到思维再到决策的过程就是人类智慧起作用的过程，智慧的结果就产生了行为和语言，行为与语言的表达过程就叫做能力，两者合称智能。简单来说，感觉、记忆、回忆、思维、决策、行动和语言的整个过程就是智能的过程。

我们人类的智能是心脑共同作用的意识现象，但是，机器没有人类的心，也没有人类的脑。目前人类对于自身的心脑现象和规律了解极其肤浅，更遑论以模仿人脑为出发点的人工智能了。我们应该知道人类智能和人工的智能其实是有本质区别的。那么，人工智能有一天会不会像人类那样拥有自我意识呢？虽然这个问题还没有定论，但我认为，答案是否定的。

图 3.2　微软认知服务网站上演示的人脸

目前的人工智能应用，总是给人造成一种它可以独立进行自我控制的错觉。但这只是一种错觉而已。读者可以自行登录微软的认知服务网站，亲身体验一下机器是如何从一张

照片的识别过程中表达出所谓的人工智能的。大家可以看到，

当我们把一张照片交给微软认知服务中的人脸 API 后 (https://

azure.microsoft.com/zh-cn/services/cognitive-services/face/)，它

返回的其实是以 JSON 数据格式呈现的一组枯燥的统计数据，

从中人们可以理解人脸 API 对这张照片的解读，比如对这张

照片而言，微软认知服务人脸 API 的解读就是照片中的人物

有 93.9% 的可能性正在微笑。仅此而已。如果人工智能只做

到这种程度，人们大概不会轻易产生恐惧的心理。但问题是

如果再由软件开发人员通过软件的力量，把这些信息利用一

个人形机器人以语音的方式直观地表现出来，你是否会觉得

这台机器非常智能呢？这种对机器智能的拟人化加工，才是

让人类产生对机器智能恐惧的主要原因。

　　我们所见的智能应用产品虽然已经具备形形色色的内部和

外部信息传感，比如视觉、听觉、触觉、嗅觉，甚至有些应用

还可作用于周围环境的执行器，如手、脚等，如上所述，这些

智能应用的工作机制无非就是数据、计算以及算法的作用，其本身的结果还是枯燥的数据，只不过当与计算机人机交互技术集合在一起之后，就产生了拟人的效果。

人类的大脑赋予了人独有的思维能力，思维是人脑对感知信息进行排列、组合、抽象、归纳的整合过程。这一过程并不是人类大脑单纯的逻辑过程，其中还掺杂了人的主观情绪和情感，所以说人类的思维是大脑中一连串连锁生物化学反应，这不是单纯的数字电路的实现方式。比如人的视觉感官发现一只黄色的小鸟，它首先会将色彩通过神经网络传递到中枢神经系统，中枢神经系统对信息加工之后，人就会对"黄色"这个信息产生感知，进而形成情绪反应。假如说黄色激发了人的温暖感，那么思维就被吸引，对这只小鸟的信息进行处理，产生愉悦的情感。其间，小鸟如果发出动听的叫声，那么听觉器官就会被声音刺激，从而在人体内分泌相应的激素，传导至神经中枢后产生对声音的感觉，这时人会心情舒畅，引发关于声音的思维活动，享受鸟鸣带来的感觉上的愉悦。在这一过程中，人体进行了特定的生物化学反应，这种系统反应过程对人工智能来说是可望而不可即的。

从"人工"和"智能"的字面定义来看，人工的智能和人类的智能，从各个方面来讲还是存在很大差异的。而从人工智能的分类来看，我们也可以发现，现阶段的人工智能其实远未达到让人类恐惧的程度。

一般来讲，人工智能被分为弱人工智能和强人工智能，我们所熟知的"深蓝"和 AlphaGo 都属于弱人工智能，新闻报道中让霍金、马斯克感到担忧的是后者。目前，在我们的生活中弱人工智能已经非常普遍，它们的特点是可以执行某种简单的任务，比如检索信息、生产操作等。弱人工智能的存在，具有一定的替代效应，比如生产用的机器人，其可以在部分生产环节中代替一部分人力资源，就会造成人类工作的流失。

而强人工智能，指的是人类脑力活动级别的智能，它不仅可以执行指令，还可以"思考""学习""理解"，甚至可以进行抽象思维，比起弱人工智能，强人工智能实现起来的难度是非常大的。目前来看，虽然人工智能在一些需要思考，比如计算、统计等领域已经超越了人类，但是一些人类不要思考，比如下意识地躲避物体等方面，它们还差得很远。

如果你玩过手影游戏的话，你应该知道在灯光的作用下，一只手可以轻易变出小猫、小狗、小兔，但是无论我们从投影中看到什么，都改变不了手只是手的现实。现在，在舆论的炒作下，人工智能就像墙上的投影，被笼罩了一层神秘的面纱，而我们应该做的就是不要被这层表象所迷惑，要揭开人工智能的神秘面纱，看到智能技术的本质。

第四章 做一个合格的地球人

1.再谈通识教育

著名科学家钱学森曾经发出过这样的疑问："为什么我们的学校总是培养不出杰出人才？"我相信每个关心中国科技发展的人，都应该有过同样的思考。纵观历史，我们不难发现，中国古代对人类科技发展做出了很多重要贡献。但是，近现代我们却鲜有作为，那么，问题究竟出在哪里？在我看来，这与教育的局限性与束缚性有莫大关系。

如果说科学是一张描绘未来的蓝图，那么"分科之学"就已经把科学变成一幅拼图。从我们把 science 翻译成"分科之学"的时候起，实际上我们就已经偏离了科学教育的轨道。

试想一下，当你紧紧握着一片拼图的时候，你怎么可能看到整幅蓝图的壮阔。当我们把科学细分在不同领域，然后只专注在一个领域研究学习的时候，我们又怎么能培养出杰出的科学人才呢？

前面我们提到，人才是开启智能社会的重要支柱之一，可以说，中国将在智能社会中扮演什么样的角色，在某种程度上就取决于我们能培养出什么样的人才。那么，我们要如何走出因误读"科学"而陷入的误区，培养出具有思考能力、具备创新思维的新时代人才呢？我认为要解决这个问题，就需要我们理解并接受通识教育（general education）。

通识教育，在西方也被称为博雅教育，亚里士多德为了发展人的理性与追求世间真理而实施的"自由人教育"是通识教育的思想起源。古代希腊罗马的"七艺"，即文法、修辞、辩证、音乐、算法、几何、天文，以及中国古代的"六艺"，即礼、乐、射、御、书、数，可以说都是通识教育的前身。

19世纪，欧美学者有感于现代大学的学术分科太过专门化，意识到知识被严重割裂，于是才有了现在的通识教育。所以说，通识教育的核心是培养学生独立思考，且对不同学科有所认知，能够将不同知识融会贯通，最终形成"独立之精神，自由之思想。"。

在大学里，学生被分为工科生、文科生、理科生、社科生，通识教育的目的就是无论你是学什么专业的大学生，都应该掌握基本且全面的社会常识。这种社会常识不单单是知识上的，同时也是处理问题方法上的。更准确的说法就是，帮助大学生建立一套完整的知识体系，从而树立他们的价值观、世界观，让大学生可以更好地认知世界，更好地通过自己的知识和科学的思维方式独立思考。

关于通识教育，其手段是全科知识的普及，其目的在于培养学生的洞察力和批判性的思维方式，以及对于科学方法的掌握与实践。

我们以哈佛大学为列，哈佛大学出版的《自由社会的通识教育》一书确立其培养未来公民的高远教育理念。现在，哈佛大学更强调培养学生的反思和批判精神、知识的整体性、科学意识以及国际视野等。在这一理念下，哈佛大学开设了审美学的理念、文化与信仰、客观世界的科学等一系列通识教育课程。

可以说通识教育所提供的知识体系框架正是新时代所需要的。如今，在知识与信息爆炸的大环境下，碎片化的信息让很多人感到无所适从。就好像我们知道移动网络，知道智能手机，知道安卓系统，但是我们并不知道他们之间是如何联系起来影响我们生活的。而通识教育通过教授每一个大学生基本的技术常识，他们就可以有效地将一些常识级别的知识点串联起来，并形成体系，帮助大学生们在以后的生活中接受新的知识，培养他们进行独立思考的能力。可以说，知识的体系对学习新知识和独立思考都十分重要。

现代中国社会急需这种通识教育。在生活中与工作，你会发现我们的文科生基本不懂物理化常识，理科生又不明白文史哲基本理论，这就导致大部分人在遇到问题时，无法借助跨学科的知识，跳出自身思维固有的局限，以科学之方法，行独立之思考。很明显，我们急需解决学术越来越专门化，教育设计越来越窄的问题，而更开放、更包容的通识教育无疑是解决这一问题最可行，也最有效的办法。所以我说，无论是当下培养更杰出的人才，还是为将来储备未来公民，我们都应该认真对待通识教育。

2.做拥有批判性思维的思考者

我们生活在一个信息过载的时代里，如果我们对所看到的信息不经思考地照单全收的话，我们只会在这个复杂而多变的世界里迷失自己。那么，如何才能避免随波逐流，不被外界信息干扰，不被所谓的"专家学者"所误导呢？最稳妥的方法就是做一个拥有批判性思维的思考者。

批判性思考是指系统地训练你的推理逻辑与论据分析评判，批判性思维需要质疑你的假设，测试你的结论，最后做出明智的判断。简单来讲，批判性思维就是对思维的再思考。在《中庸》有这样一段话："博学之，审问之，慎思之，明辨之，笃行之。"其中，"审问、慎思、明辨"就是所谓的批判性思维。所以，很多学者也将批判性思维称为"明辨性思维"或者"审辨式思维"。

批判性思维就是帮助我们识别真相，获得完整认知的重要方式，所以，批判性思维也被誉为人类思想和认识发展的破冰船。"苏格拉底问答法"可以说是批判思维的起源。通过对话式、启发式的教育方法，通过双方辩论、向对方提问，揭露对方回答问题中的矛盾之处以及推理缺陷；或是提出反例，引入更加深入的思考，这就是批判思维的最初模式。苏格拉底对批判性思维的诠释，要求人们不要迷信概念和定义，要对它们进行进一步的思考，对问题作出深入的分析，而不是人云亦云。很明显，苏格拉底的问答法是为了培养人们独立思考的能力，以及怀疑与判断的精神。

人们对批判性思维的系统研究，是从美国哲学家约翰·杜威开始的，他提出的"反省式思维"，要求人们对某个观点、假说、论证要采取谨慎的态度，在进行主动、持续和细致的理性探究之前，先不要立即赞成或反对。从 20 世纪 40 年代之后，批判性思维获得了广泛的关注，如今这种思维方式已经成为美国教育改革的主题与核心，美国许多大学都会单独开设批判性思维课程，而现代的批判性教材，则综合了逻辑、信息评估、语义分析、论证理论、科学方法论等多方面的内容。我们都知道美国著名学府哈佛大学，其校训是"Veritas"，意思即为真相，哈佛大学的教学精神，就是为学生提供知识工具去寻找真相，而批判性思维就是一种获得真相的有效方式，所以说，培养一个具有批判性思维的人，一直都是哈佛教育最核心的目标。

批判性思维能力的培养，对社会的发展尤为重要。我们可以试想一下，当一个国家的大多数公民都能对国家政策、经济热点和社会现象做出深入思考和明智判断，而不是盲目跟从的时候，那这个国家才能在未来的发展中立于不败之地，这个社会才能在新科技、新技术的驱动下快速向前。

说了这么多，那么，我们要如何才能具备批判性思维呢？

首先，我们要了解，批判性思维并不局限于任何一种模式，因为，没有任何一种思维模式是适合所有人的。而我们能做的就是在客观与理性的基础上，对我们遇到的问题进行思考和判断。

其次，要培养或者提高自己的批判性思维最重要的一点就是学会提问，如果你能找到如下十个问题的答案，那么，对于你的批判性思维会有极大帮助：

Q1：论题和结论是什么？

Q2：理由什么？

Q3：哪些词语意思不明确？

Q4：什么是价值观假设和描述性假设？

Q5：推论过程中有没有谬误？

Q6：证据的效力如何？

Q7：有没有替代原因？

Q8：数据有没有欺骗性？

Q9：有什么重要的信息被省略了？

Q10：能得出哪些合理的结论？

从古至今，从中到西，从古希腊到文艺复兴，再到近现代科学的快速迭代演进，我们不难发现，拥有批判性思维的思考者，几乎就是新技术的创造者。正因为批判性思维所强调的，在求知过程中的证据、逻辑的重要性，以及反对盲目崇拜权威和流行观点的客观性，才让科技有了发展进步的动力。所以，学会利用批判性的思维去思考问题，应该是未来每个公民的基本素养。

3. "善假于物"的君子

人和动物的最大区别是什么,有人说是思考与判断的能力,也有人说是想象的能力,还有人认为是使用工具的能力。每种说法都有其各自的道理,所以没有谁对谁错之分,在这里我想说的是,人之所以为人的原因可能很复杂,但是,人之所以能够不断演化,不断进步,绝对离不开制造工具和改造利用工具的能力。

在《荀子·劝学》中有这样一段话:"吾尝终日而思矣,不如须臾之所学也;吾尝跂而望矣,不如登高之博见也。登高而招,臂非加长也,而见者远;顺风而呼,声非加疾也,而闻者彰；假舆马者，非利足也，而致千里；假舟楫者，非能水也，而绝江河。君子生非异也，善假于物也。"

这段话的核心内容就是"善假于物"，简单来说，就是古人告诫我们要善于利用外物，善于借助工具去获得成功。我们都知道，在大自然面前，人类是渺小而脆弱的，仅仅靠一双手、一双眼睛，人类能掌握的知识、能见识到的世界是非常有限的。但是，当人类掌握了正确的方法，懂得利用客观工具，善于借助周围环境之后，人类也就具备了认识自然、改造自然的能力。

历史已经证明，人类借助、运用重大科技成果推动社会变革，进而实现时代的创造性改变，都是"善假于物"的生动写照。尤其是近现代以来，从蒸汽技术引发的工业革命，到计算机技术促成的信息化革命，再到如今网络连接技术所推动的互联网革命，无一例外的都是人类借助工具取得的辉煌成果。阿基米德说："给我一个支点，我可以翘起地球"，今天，智能技术的发展突破就是我们撬动地球的新支点。

你见或者不见，它就在那里，面对势不可当的智能化浪潮，任何一个行业，任何一家企业，任何一个人，如果不想被时代所淘汰，都应该明白"善假于物"的道理。然后，以一种开放的心态，面对全新的环境，以一种拥抱的态度，去了解并利用新的技术。我们常说，要在正确的时间，做正确的事情。很多人之所以一直对智能社会感到迷茫与恐慌，甚至十分抵触，完全是因为在正确的时间里，却不知道如何做正确的事情。有些人之所以强大，不是因为他能力有多强，而是因为他懂得利用周围的环境，他知道如何更好地利用工具。

伟大的物理学家牛顿一生取得了无数成就，但是对于自己的成绩他却说："我之所以比别人走得更远些，那是因为我站在巨人的肩膀上。"虽然牛顿的这番话有谦虚的成分，但是，我们也应该明白，如果不懂得"善假于物"，那你永远都无法站上"巨人的肩膀"。

随着智能社会大门的逐渐开启，作为一个合格的地球人，应该充分地认识到"善假于物"所带来的"见者远""闻者彰"以及"致千里""绝江河"的乘数效应和巨变效应。在新时代的征程上，我们应该以只争朝夕的精神，主动融入智能社会，要做到善于利用新技术、新工具，让自己成为不可替代的未来公民。

4.当我们不再谈论人工智能之后

在法拉第发明第一台电动机之后，几乎没有人意识到这一发现将把人类带向一个全新的时代。在约瑟夫·威尔森·斯旺发明电灯，爱迪生在此基础上改良电灯之后，人们对电的最大想象就是电灯，除此之外，人们想不到电还能有什么作用。今天的电视、电脑在那时候根本就是无法想象的。我们今天所谈论的人工智能，就相当于电气时代之初的电灯一样。我相信随着时间的推移，随着技术的成熟，今天的人工智能终将像曾经的电能一样为我们所用，不为我们所谈论。

现在，我们生活、工作的每时每刻都离不开电能，可是你会听到有人谈论电能吗？你需要别人告诉你如何利用电能吗？甚至你懂得电能是如何为我们所用的吗？答案不言而喻，我们无法否认自己对电能的依赖，同时我们也必须承认自己对这项技术并不是完全了解。在电能被大规模使用之前，有些人在担心电力不够安全，害怕被电线电伤、电死，还有些人想着如何自己发电。在电力技术被大规模使用之后，我们再不会讨论电是怎么回事，我们只需要知道如何用电就可以了。

当下的人工智能技术，其实就像是一百年前的电能技术一样。人们之所以会关注人工智能，会惧怕被人工智能控制，甚至被人工智能消灭，其实很大程度上是因为这项技术还不够成熟。历史一直都在告诉我们，当新的观点、新的认知、新的发明创造出现的时候，面对新挑战的人们难免会无所适从，而在这种情绪之下，各种观点、各种议论自然就会层出不穷。

事实上，当人在习惯了一种心理状态或者一种行为模式之后，就会建立一个心理舒适区（Comfort zone），只有在这个区域里，人才会感到舒服，才会有安全感，一旦走出这个区域，人们就会感到不习惯。在电能被利用之初，它就像一只无形的手，把人们从原有的舒适区推向一个全新的环境里，随着电能技术的成熟，人们从最初的怀疑，到后来的逐渐适应，再到如今，我们习惯了随时随地利用电能，并在这种无时无刻都能获取电能的环境里建立了新的舒适区。

现在，随着智能技术的突破，人工智能有了发展的基础与空间，人类再次面临从原有的舒适区向新环境迁徙的迷茫与困惑。尤其是在碎片化的信息，将各种专家学者的争论，企业大咖的言论，一股脑地推送到我们面前时，人们似乎很难不被影响。比较乐观积极的人开始想要学习编程、大数据，比较悲观的人则郁郁寡欢、忧心忡忡。但事实上，我们只要明白，有朝一日，智能技术终会像电能技术一样成熟，那时智能就只是一种手段，一种工具，而我们只要会使用它就已经足够了。

在生活中，我们会用电去烧水，用电去做饭，用电来建立与他人、与世界的种种联系，我们唯独不会的就是再去讨论电。在智能社会，我们会用无人驾驶技术，我们会用 3D 打印技术，我们会通过万物互联的网络系统与世界连接，但是，我们再也不会谈论人工智能，因为，智能技术已经完完全全渗透到我们生活的每个细节中，就像今天的电能一样。

5.AI来了，人的价值会改变吗？

如果你很认真地读了这本书，你就会知道，人工智能只是计算机理解和执行任务的一种工具，深度学习也只是建立在神经元连接机理上的数学模型，所以，人工智能的智慧和人脑的智慧根本不可相提并论。也就是说，在可预见的未来，人工智能将一直作为人类的工具存在，就像飞机、火箭一样延伸人类的能力，但永远无法凌驾于人类之上。

看到这里，有些人可能会松一口气。可我还是要提醒大家，千万不能无视或轻视智能技术带来的改变。因为，人工智能虽然无法夺走我们的自由和生命，但是，人工智能会夺走我们的饭碗。据世界经济论坛（WEF）报告显示，未来，由于机器人和人工智能技术的崛起，将导致全球 15 个主要经济体的就业岗位减少 510 万个，而目前 15 个主要经济体的劳动力数量占到了全球整体劳动力数量的 65%，也就说机器人和人工智能技术的发展在未来 5 到 10 年，将导致全球约上千万人失业。

我一直都在讲，要理解智能技术的意义所在，同时也要正视人工智能带来的挑战。所以，我们不应该回避技术发展对人类价值和人生意义的拷问。尤其是随着技术的进步，人工智能将在大量简单、重复，同时不需要复杂思考的领域替代人类的现实面前。

我们可以试想一下，有一天，当大量的工作由机器来完成，当大部分问题都由技术来解决，从繁重劳作和各种问题中解放出来的人，将何去何从。我们是不是会像电影《机器人总动员》中一样，因为过度依赖智能设备，而变成四体不勤的大胖子，每时每刻躺在一个可移动的座椅上，全部的生活都通过一块显示屏来完成……

人类社会将如何接纳在智能技术下失去工作的人？如今，

这个问题已经不是一个假设，而是我们即将面对的现实。据悉，出于对技术可能取代人工工作的担忧，瑞典政府已经对"无条件收入"进行了全民公投。这项公投的内容是，每月向每名成年公民发放 2500 瑞士法郎的无条件收入，让没有工作的人也能有尊严地活着。

随着智能社会的到来，技术将创造更多财富，而随着社会福利体系的完善，一部分人或将因社会财富的丰富而选择更加自由的生活，从某种意义上来讲，一部分人将被机器所"养活"。所以，未来社会公民很可能面临这样的选择：究竟是做一个每天领着政府福利，像《机器人总动员》中身材臃肿的"无用之人"，还是做一个努力学习新知识，掌握新技术，应用新工具的"有用之人"。

人之所以为人，是因为我们懂得思考，我们拥有感情，这是人类与人工智能之间无法跨越的鸿沟。法国思想家帕斯卡尔曾经说过："人只不过是一根苇草，是自然界最脆弱的东西；但他是一根能思想的苇草，用不着整个宇宙都拿起武器来才能毁灭；一口气、一滴水就足以致他死命了。然而，纵使宇宙毁灭了他，人却仍然要比致他于死命的东西高贵得多；因为他知道自己要死亡，以及宇宙对他所具有的优势，而宇宙对此却一无所知，因而，我们全部的尊严就在于思想。"

人因思想而伟大，因为有了思想的能力，人类才能从刀耕火种的时代，一步步走到如今的智能时代；因为有了思想的能力，人类才能诞生像柏拉图一样的思想家，像莎士比亚一样的艺术家，像牛顿一样的科学家……因为有了思想的能力，人类才能创造出智能技术，所以，只要你还具备思考的能力，你的价值，你人生的意义就不会因为人工智能的到来，而有所改变。

在这里我想告诉大家的是，在智能社会中，那些不愿意思考，不懂得创新，只能从事简单重复工作的人，永远无法超越人工智能带来的效率与成本，所以，这部分人注定被淘汰。所以，如果你不想在智能社会中失去人生的价值所在，成为一个毫无用处的人，那么，从现在开始，你就要发挥你作为人的独特价值，运用你的思考能力，"近取诸身，远取诸物"地感知这个全新的时代，做一个善于思考、善于运用科学方法处理问题、应对问题的合格地球人。

第五章 科学家的情怀

科学家不是"书呆子"

仰望星空，科学家与科幻梦

1.科学家不是"书呆子"

如果说科学技术是人类社会进步的阶梯，那么，科学家就是建造阶梯的工程师。也许正是因为科学家的这种值得每个人仰望的成就，所以，许多人才会在小的时候把成为科学家当做第一志向。当然，想要成为科学家或者科研技术工作者，靠"1%的天才+99%的努力"显然是不够的。科学并不是"书呆子"的游戏，事实上，想要成为伟大的科学家不仅不能"呆"，反而要比常人拥有更活跃的思考能力，简单来讲就是，科学家不是"书呆子"，科学家是充满热情与活力，热爱生活与艺术，拥有想象力与创造力的技术"追求者"。

不知道为什么，媒体总是热衷于塑造"科学怪人"的形象，所以，在很多人眼中，科学家被贴上"不通世事""高智商、低情商""书呆子"的标签。其实，这只是一种刻板印象。现实中的科学家与科技工作者并不是不懂生活，不懂交际，只懂埋头工作的怪人，相反，他们中的很多人不仅热爱科技研究，同时他们还精通艺术，具有文艺情怀，很多时候优秀的科学家同时也是出色的艺术家。

我相信很多人应该都知道，达·芬奇是文艺复兴时期著名的画家，但是，却很少有人了解，达·芬奇其实还是一位伟大的科学家、工程师以及发明家。在被宗教思想束缚的年代，达·芬奇已经开始反对经院哲学家们把过去的教义和言论作为知识基础，他鼓励人们向大自然学习，到自然界中寻求知识和真理。他认为知识起源于实践，只有从实践出发，通过实践去探索科学的奥秘。达·芬奇提出的"理论脱离实践是最大不幸"的观点，在自然科学方面做出了巨大的贡献。

在科学领域，达·芬奇在三十年内共解剖了三十具不同性别年龄的人体，也解剖了各种动物作为解剖结构比较，出版过解剖学理作品并绘制了超过 200 篇画作；在物理领域，达·芬奇重新发现了液体压力的概念，提出了连通器原理。15 世纪，他最早开始了物体之间的摩擦学理论的研究；在建筑方面，达·芬奇也表现出了卓越的才华。他设计过桥梁、教堂、城市街道和城市建筑……

达·芬奇在科学领域的成就与贡献，是令人惊叹的，有些人甚至开玩笑说他是从现代社会穿越回去的人。我们不得不承认，像达·芬奇这样集科学家、艺术家、发明家于一身的人并不多，但是，从他身上我们也应该看到，一个科学研究者如果没有对浩瀚宇宙的探索精神，没有对大自然的好奇心，没有对广博知识的热爱，那么，他能取得的成就一定是非常有限的。

爱因斯坦曾经说过："这个世界可以是由音乐和音符组成，也可以是由数学公式组成"，"人们总想以最适当的方式来画出一幅简化的和易领悟的世界图像，于是他就试图用他的这种世界体系来代替经验的世界，并来征服它。这就是画家、诗人、思辨哲学家和自然哲学家所做的，他们都是按自己的方式去做"。也就是说，科学和艺术"被共同的目标联系着，这就是表达未知的东西的企求"，爱因斯坦认为这就是科学创造的最强的动机。由此可见，科学家和艺术家完全可以兼于一身。

只要你稍加留意就会发现，科学家中酷爱艺术的人比比皆是：伽利略是天文学家、诗人与文学批评家；开普勒是天文学家、音乐家、诗人；诺贝尔是化学家、诗人、小说家；发明莫尔斯电报码的莫尔斯原是一个职业风景画家；美国科学家罗斯因揭示了疟疾的奥秘而荣获1902年的诺贝尔生理学或医学奖，他的爱情小说《奥莎雷的狂欢》是当时美国十大畅销小说之一……

"薛定谔的猫"对很多人来说并不陌生，这一理论的创始人埃尔温·薛定谔就是一位多才多艺的科学家，他具有丰富的科学美学思想，他崇尚理性，热爱科学，同时他擅长形象思维，讲究科学创造的艺术性。薛定谔的成功，显然是与他高超的文学艺术素养息息相关的，艺术对薛定谔创造性思维的发展无疑起了积极的作用。可以说，研究自然科学的人，如果不懂得艺术，那将是一个很大的欠缺。

经过这番介绍，我想大家应该已经认识到，科学家并不像我们想象中那样严肃、呆板，毫无情趣可言，事实上伟大的科学都是非常"酷"的，他们也喜欢文艺、体育、美食……他们丰富多彩的生活，才是他们收获新知识、发现新技术的肥沃土壤，他们对科学的兴趣，才是他们创造发明的动力。

毫无疑问，科技正在改变世界，作为一个科技研发者，我很欣慰看到整个世界在科技的力量下不断向前，与此同时，我希望更多的人能看到科学世界的丰富多彩，了解科学家的情怀，明白每个因为热爱而投身科学研究、技术研发的工作者的理念都是让这个世界变得更美好。

2.仰望星空，科学家与科幻梦

　　科学与科幻的关系，由来已久，究竟是科幻启发了科学创新，还是科学决定了科幻的想象边际。这个问题从霍金写给《"星际迷航"的物理学》的序言中，你应该能找到答案："科幻不仅有趣也会启发人类的想象力。我们也许还没达成'大胆地去那些人类还没到过的地方'，但至少我们可以在想象中做到这样……科幻和科学之间是双向交易，科幻提出一些科学可以容纳进去的想法，而科学有时发现比任何科幻都离奇的概念。"

　　如果你问我对科幻的看法，我想通过一个亲身经历的小故事告诉你：

多年之前，在美国硅谷，我与几个国内外一流的技术大咖一起交流心得，在谈到为什么投身计算机技术开发工作时，几乎每个人都提到了一部电影，这部几乎决定了在场所有人命运的电影就是《银翼杀手》，我依稀还记得，当再次提到电影内容对自己产生的影响时，大家脸上的那份神采和心里的那份热情。

《银翼杀手》（Blade Runner）改编自菲利普·K. 迪克的科幻小说《仿生人会梦见电子羊吗？》（Do Androids dream of Electric Sheep?），这部作品提出的问题，在今天看来依然不过时，那就是：如何区分人与仿生人的区别？《银翼杀手》把这个深沉的哲学命题用一个侦探追凶的故事表现出来，影片中精细的场景构建隐含了对电影议题的思索以及人文情怀，导演通过镜头渲染出的赛朋克气氛，更是成为后来一系列科幻电影效仿的典范。

一部经典的科幻电影或许得不到票房的认可，同时它也不需要在电影艺术方面获得多高的成就，它只需要足够的传承和内涵，以及一段足以被后人铭记的片段：

"I've seen things you people wouldn't believe,

Attack ships on fire off the shoulder of Orion,

I watched c-beams glitter in the dark near the Tanhauser Gate,

All those moments will be lost...in time,

Like tears...in the rain."

"我看到过你们这些人绝对无法置信的情景，

战舰在猎户星座之肩燃起的熊熊火光，

C射线在幽暗的宇宙中划过了'唐怀瑟之门'，

但所有的这些瞬间，都将消逝于时间，

就像泪水消失在雨中。"

如果我的故事还不足以说明《银翼杀手》对现代技术开发者的影响力，那么，以《Do Androids dream of Electric Sheep?》中 Android 命名的谷歌开发系统，和以《银翼杀手》中仿生人代号 Nexus-6 名称相似的谷歌智能手机型号，应该能让你明白我们这一代的技术开发者究竟有多喜欢《银翼杀手》这部经典的科幻电影了吧。

事实上，受科幻作品影响而投身科学研究的人还大有人在。被称为"现代潜艇之父"的西蒙·莱克就因为看了儒勒·凡尔纳的科学小说《海底两万里》后，才开始爱上海底旅行与探险研究的，莱克的发明包括压载舱、潜水艇和潜望镜，可见这些技术创新都受到文学作品的影响。

被称为"钢铁侠"原型的埃隆·马斯克因为科幻小说《银河帝国》，所以产生了去火星旅行的想法。

人类第一部手机的制造者马丁·库珀曾经表示，《星际迷航》里面的发报机让他有了设计手机的灵感，库珀说："对我来说那并不是白日梦，而是一个奋斗的目标。"可以说，《星际迷航》系列电影影响了一代人，乔布斯、埃隆·马斯克、贝索斯、拉里·佩奇等硅谷最有影响力的科技领袖，都是星际迷航的忠实粉丝。而我们今天熟知的手机、电脑、机器人、VR，也早早在《星际迷航》系列登上了荧幕。

科幻作品不仅激励一大批有识之士进入科学领域，对科学研究做出了极大贡献，事实上很多科幻作家本身就是科学家，赫赫有名的天文学家、物理学家以及哲学家开普勒，就曾发表科幻小说《梦》，在这部作品中他预言了万有引力，也预见了20世纪人类的登月之旅。

著有《基地系列》《银河帝国三部曲》以及《机器人系列》等经典科幻作品的艾萨克·阿西莫夫，同样也是一位生物学家。

阿西莫夫的《基地三部曲》可以说是为科幻小说的发展铺平了道路，《星球大战》《星际旅行》等电影作品都是在这部作品的影响下诞生的。此外，阿西莫夫在《我，机器人》一书中提出的"机器人三定律"更是被称为"现代机器人学的基石"。

科幻作品的魅力所在，就是它能启发你的思考，开拓你的思想。在现实中，很多事情我们还无法实现，但是科幻的想象力可以帮助我们拓展思维的边界。更为重要的是，人类丰富多彩的科学幻想，往往会引发一系列创新、创造的热潮。黑洞、虫洞、引力波等科幻小说中经常出现的话题，其实在科学界同样引起了广泛关注，与此同时，人们在探索研究的过程中也得到许多有价值的发现。所以说，科幻作品可以激发科学家和科研工作者的创新与创造力，从而推动科学的进步。

值得注意的是，科幻作品并不是不着边际、不切实际的胡思乱想，而是人类对未来科学发展和社会形态的理性思考。事实上，不少科幻作品其中蕴涵的思想，特别是借科幻反映历史和现实，科学进步对社会、伦理、道德的冲击和影响等方面，对社会科学的发展也提供了非常重要的素材。

最后，以一个技术研发者的角度为大家推荐几部值得一看的科幻电影作品：

1.《2001 太空漫游》（2001: A Space Odyssey）(1968 年)

《2001 太空漫游》可以说是一部伟大的巨作，这部 1986
年上映的作品被誉为"现代科幻电影技术的里程碑"，其最大
意义莫过于预言了许多年之后发生的事情，这其中就包括平板
电脑的诞生。

这部经典的电影堪称"太空奥德赛"。电影里关于寂静太
空的描述：听不到航天飞机发动机的轰鸣，更不用说任何尖叫。
此外，为了最大限度地呈现真实的效果，本片导演还咨询了航
天专家，设计了电影中的宇宙飞船和宇航服。他让专家设计的
飞船甚至精确到了按钮、杠杆和灯光。

2.《黑客帝国》（Matrix）（1999 年）

《黑客帝国》最大的成功之处在于，它彻底颠覆了人们的
世界观。电影描述了生活在22世纪(也许是23世纪甚至更遥远)
的人类不仅肉体被机器奴役，精神也被"麻痹"在 20 世纪的
故事。按照《黑客帝国》的理论，我们现在的各种知觉都是机
器传递给大脑的信号，其实我们的身体躺在机器帝国的田野之

中，每个人都是一节小小的电池，在为机器帝国输送生物电能。这样一个看似荒谬的理论，却被《黑客帝国》讲得极其真实。

从 Matrix I 到 Matrix III，整整四年，一对名叫沃卓斯基（导演加编剧）的兄弟给科幻电影带来一次史无前例的冲击，无论从思想上还是视觉效果上都超过了以往任何一部科幻电影。

3.《少数派报告》（Minority Report）（2002 年）

《少数派报告》改编自菲利普·K.迪克的同名小说，这部电影是好莱坞著名导演斯皮尔伯格的代表作之一，电影讲述了在 2054 年，人类已经可以预知谋杀案的发生，罪犯在实施犯罪前就会被逮捕并受到惩罚。电影中汤姆·克鲁斯佩戴的体感手套操作电脑的镜头令人向往不已。通过佩戴手套实现细微的手势控制，包括重叠窗口、下拉菜单等，以此控制用户界面、实现多种操作的场景对我们来说已经不止想象那么简单，我相信在不远的将来我们很快就能体验到这种很酷的操作方式。

附录一：Project EcoWisdom

在这个巨变的时代，学习是永恒的话题。由于数字化技术的深入与普及，人们的学习、工作与生活都会因之而发生巨大改变。当下日渐流行的儿童编程（比如 code.org, microbit.org, kodugamelab.com）和创客运动，就是因之而产生的时代缩影。Project EcoWisdom 项目，是我的一个尝试。我一向主张理论与实践相结合的学习方法，而且坚信未来是一个万物互联的时代，设计这个项目，就是希望将计算机科学、电子工程和机械工程的基础知识，与当下发展最迅猛的云计算、物联网、大数据、和人工智能科技相结合，让大家借助简便易用的数字化开发工具，能够自己制作出一款随时与云端智能大脑相连接的边缘智能硬件。目的在于通过实际的动手实验，让实验者能够切身体验到即将来临的智能社会的应用场景，并且希望通过这种体验，让大家更好地理解科技的发展趋势，更加从容地享受科技给人类带来的便利，并能够更加轻松地应对科技发展给人类带来的挑战。

数字化的一大特点，就是将原先高深莫测的专业技术普及化，在英文中称之为 democratization, 在中文语境中似乎应称为科技的"普及化"。这一潮流，一方面拉近了普罗大众与所谓专业人士之间的距离，但另一方面，如果大众不能充分利用数字科技的进步来武装自己的话，因数字技术普及而产生的"数字鸿沟"，又会使一大批民众陷入被时代淘汰的危机之中。由于这一改变，使得"终身学习"从一个励志的鸡汤用词，一跃而成为每一个"地球人"都需要认真考虑的话题。而买菜摊贩大量采用微信支付收款这一现象就变成了社会演变的真实注解。

在"终身学习"之前，其实还有一道关口要过，那就是学会"如何学习"。不要小看这个话题，上过学校，拿到过学位，与会学习是两个概念。这有点像会吃饭和会做饭不是一回事，更遑论与会种地的区别了。而在这个信息爆炸的时代，会学习之前还有一个关口，就是知道学什么。大家应该都有体会，这几年新鲜词汇层出不穷，新鲜技术眼花缭乱，总感觉刚刚学到一门技能，可能过不了一两年就成为明日黄花。这里有个科技本质论的话题，在此不做展开。总体而言越是底层技术越不容易过时，但也越需要相对较漫长的学习时间。但并不是说每一个人都要成为科学家似的学者，顶层技术（概指已对底层技术或理论抽象简化过后的实用技术）已足够让大众理解并跟上社会的数字化进程。那么如何选择适合每个人自身特点的终身学习路径又牵涉到另一个更加复杂的话题，就是批判性思维的能力，英文叫做 critical thinking。具体详情可参考本书中介绍的"科学方法"与"苏格拉底方法"。接下来还是介绍 Project EcoWisdom 项目。

EcoWisdom，顾名思义，与 Ecology（生态）和 Wisdom（智慧）相关。这是个实验项目，综合了计算机知识和基本的电子工程与机械工程能力，可以让实验者基于微处理器和通讯模组（本项目以乐鑫公司广受欢迎的 ESP32 芯片为基础，使用了在创客中口碑极佳的 M5Stack 模块）和环境传感器和相应的机械外壳设计，自己制作和组装出一套能够随身携带，随时感知周围环境的智能硬件。如果拥有物联网和人工智能云计算 / 边缘计算服务（本项目以微软的 Azure 云为例，涵盖了从智能云计算 / 边缘计算、物联网、大数据、人工智能到数据展现的多种先进服务内容），还可将这款智能硬件与 Azure 云连接，从而具有云中央智能与边缘智能的双重能力，提前体会到即将来临的智能社会的生活场景。

Project EcoWisdom 项目包括四个子项目和总装调试步骤，分别为：

1. 电路设计与开发；

2. 程序设计与开发；

3. 机械结构和外壳设计与开发；

4. 物联网与人工智能云计算服务设计与开发；

5. 总装调试。

实现 Project EcoWisdom 项目的所有资料，包括机械设计、电路设计、软件设计源代码都将汇总在本项目的 github.com 页面上（网址：ecowisdom.weiqing.io）供读者学习与实际操作。同时也欢迎大家通过项目网站提供您的宝贵意见。

附录二：随书演讲辅助资料

　　在本书中已经介绍过，科技与文学、艺术、哲学和历史是不分家的。真正的科技人才绝不是，也不应该是一个木讷的、不擅长表达的"书呆子"。但在实际工作中，我们确实看到有一些非常有内涵的科技专家，似乎不太擅长在大众场合有效地把自己非常优秀和先进的理念、观点或意见表达出来，并且得到大家的认同与支持，这是非常可惜的。要知道，在人类社会中，善于调动群体的力量去完成一份共同的事业，是所有成功人士必备的一种素质。

有人说，这种有效的传播与说服的感染能力是与生俱来的性格特点，本人性格内向，实在做不到。我是不同意这个观点的。诚然，有部分人的确在人格特征中具备一种沟通的感染力，能够比较有效地与周边人群达成一致意见，这在许多心理学的专著中已有论述。但我想强调的，是"有效的沟通"作为一种可以"被学习"的能力，让每一个人能够在科学方法的指导下，有能力将自己的观点和意见高效地传播出去。这里的关键词是"可以被学习"，也就是说，这是一门有理论依据的科学，它不神奇，可被学习，可以复制，不必依靠所谓的心理学术语中描述的人格特征来实现。这就意味着，每一个人，都可以通过学习与实践掌握到最适合本人的高效沟通方式与技巧。

在本附录中，我将借助与本书配套的演讲素材，就科技理论与产品的演讲，与读者分享一下我对有效传播的理解与实践。本附录中所涉及的资料会放在本书的项目网站中（ecowisdom.weiqing.io）供读者自行下载参考。这里要说明的是，有效的演讲和传播是一门科学，也是一门艺术，没有标准答案，看再多书，经历再多培训，也不如不断地实践。

依照本书中一再强调的"知行合一"的治学理念，在学中用，用中学，每个人都能够建立起一种最适合自身特点的演讲风格与方法。以下我所介绍的，全是我认为最实用的方法或理念，但做不到全面，只是希望为苦于找不到有效沟通技巧的读者们打开一道门，至于如何入门以及入门后的提高，就需要每个人自己不断地学习与练习了。

70 年代，要么发表，要么毁灭（In the 70's, publish or perish）；

80 年代，要么演示，要么消亡（In the 80's, demo or die）；

90 年代，要么拉关系，要么失败（In the 90's, schmooze or lose）；

新的世纪，要么演讲，要么投降（In new century, presentation or nothing）！

这是微软全球执行总裁沈向洋博士在 2005 年为杰瑞·威斯曼的演讲技巧国际畅销书《说服》（Presenting To Win: The Art of Telling Your Story）写的序言，我在我的职业生涯里读到过很多有关演讲与高效传播的书籍，也参加过很多场相关的培训，以及亲眼目睹无数次的精彩演讲，其中《说服》所推广的演讲和传播理念与技巧是极其经典和实用的，可以说已近乎"商务沟通之道"。其作者杰瑞·威斯曼（Jerry Weissman）是一名难得的既有演讲理论知识，又有大量演讲实际经验的商业演讲大师，是当时世界排名第一的商务演讲教练。本书中文版已绝版，读者若有兴趣可以找一找二手书商或英文版。我相信你一定能从中获益良多。

具体而言，实用的演讲沟通，首重《说服》一书中所强调的"What in it for you"（WIIFY，即"我能为你带来什么"），要知道，正在被你说服的一方其实对你所说的并不感兴趣，他或她只对自己的需要感兴趣。因此，对于演讲的受众而言，"What in it for me"（即"这关我什么事"）才是最主要的。对于每一次演讲，每一个观点，演讲者最重要的任务就是要了解你的演讲或说服对象，以 6W1H 的思维逻辑，来明确WIIFY 的内容。6W1H 是在常见的 5W1H 方法上再加一个 W：Whether（是否有必要），借助批判性思维的方式建立起对听众需求的系统性认知。

6W：

1. Who——谁是你的听众？

2. What——你的听众需要了解什么内容？

3. Why——你的听众为什么对你说的内容感兴趣？

4. When——你的听众在何种时间下愿意了解你所说的内容？

5. Where——你的听众在何种场合下愿意了解你所说的内容？

6. Whether——最后再问一下自己：你是否真的认为你需要说这番话？（细心的读者可能已发现，这个在 5W1H 基础上新添加出来的一个 W，实际上就是"苏格拉底方法"的现实应用）

1H：

How——在明确了以上六个 W 的问题后，需要设计内容和制定方案来实际完成有效的演讲和传播。

以上 6W1H 方法是一个循序渐进的迭代过程，没有终点，是对演讲和传播的内容与方式不断优化的过程。

说到科技演讲与传播的具体实现，就需要演讲者具备若干跨学科的知识与能力了。演讲，无论内容如何，它首先是一种传播，它负责通过人的感知器官（眼、耳、鼻、舌、身）将信息从 A 点传播至 B 点。那么以人类文明发展到目前的水准，最为有效与丰富多彩的内容传播方式，大概莫过于"电影"了。

电影的出现，到目前为止只有一百多年，在人类文明的发展史中，占到微不足道的时间份额，但正如电影史上第一位伟大的艺术家格里菲斯（D.W. Griffith）预言的：电影会成为世界的通用语言而将全人类联系在一起（https://www.goodreads.com/author/quotes/1282052.D_W_Griffith）。电影不仅是娱乐，也是教育工具，它能够以数量最多的人类感知器官渠道（目前的电影技术已经可以利用到人类的眼、耳、身的感知能力）将信息传播给人类。那么，如果希望能够成为一名高效的演讲者，借鉴电影艺术的表达方式就不失为一条捷径了。

总体而言，电影是通过故事情节、影像和声音的方式向观众传播内容的，与演讲者在讲台上演讲的效果异曲同工，这也就是为什么现在有越来越多的政治家、企业家要与电影导演、编剧、舞美合作。中国导演张艺谋对中国举办奥运会的作用，美国总统里根作为曾经的好莱坞演员都是对这一现象的注解。

我相信，电影作为目前人类发明的最有效的传播艺术和方式，

它对人类社会的推动作用才刚刚开始，如果再把柏拉图的"洞

穴理论"和类似于电影《黑客帝国》描述的虚拟与现实的关系

结合在一起，对未来电影作用的想象空间将是巨大的。

本书目的不是讲解电影，而是希望通过对电影作为一种高

效传播方式的介绍，来指出为什么我们可以通过学习电影艺术

来提高我们的演讲水平和效果。接下来我将通过与本书配套的

演讲内容来与大家分享我经常借鉴的电影表现风格与手法：

首先，将演讲内容作为故事情节来设计。美国剧作家、编

剧教练罗伯特·麦基 (Robert McKee)，被英国卫报誉为"亚里

士多德之后最有影响力的讲故事理论家"，其学员中有 60 人

获奥斯卡金像奖，200 人获艾美奖。他写过一本书，名为《故事》

(Story)，讲述了故事的创作核心原理，被全球影视圈奉为编剧

的圣经。还有一本相对简单但也非常实用的编剧参考书，维

基·金 (Viki King) 写的《21 天搞定电影剧本》(How to write a

movie in 21 days)。这些介绍编剧的教科书会为科技人员打开一

个叙事的全新视野，因为终究而言，不管是电影、戏剧还是科技报告，不都是希望听众 / 观众能够认真、专注地把要传播的内容听完 / 看完吗？

借用一个电影俚语，就是不要有"尿点"（pee time）。这里面有很多关于人类心理、生理的知识和应用，比如所有所谓没有"尿点"的电影都非常注重阶段性的起 - 承 - 转 - 合，因为人类的注意力很难维持超过 20 分钟，那么为了保持整个电影放映过程中观众的注意力集中，就需要电影内容能在大约20 分钟的时限内完成一个小高潮以保证观众的专注，然后，在观众注意力即将分散的时候，剧情需要一个转换，可以是场景或话题的转换，在另起一个高潮，这样才能让观众继续维持专注的热情直至电影尾声。

大家可以看到，单单这样一个看似简单的电影技巧，如果应用到演讲、报告或论文的结构设计中，就能帮助很多人解决长篇大论时观众或听众容易走神的问题。还有一个例子，是有关"八股文"的应用。虽然中国的"八股文"文法遭到了现代人的唾弃，但我相信绝大多数人是只闻其名吧，到底有多少人知道八股文是哪"八股"，为什么依照"八股"的间架结构容易把作者的观点描述清楚？当然后世拘泥于"八股"而不思革新进取，似乎不应由八股文法背这个黑锅。如果有机会研究一下八股文的文法，你可能会发现这种貌似严格、死板的文法对于技术类文章和演讲稿的写作大有帮助呢。我建议有兴趣的读者，可以好好研究一下这个话题，我在本书中就不展开了。要知道大多数优秀的科技人才都有很好的内容，但不是每个人都可以把很好的内容讲成精彩的故事，那么以上介绍的方法就有可能激发出读者的想象力，为大家开启一个全新的故事之旅。

其次，将讲台当做舞台。大家可能听说过"伦布朗"照明的摄影布光技巧，或者中式剧场的"出将"和"入相"演员上下舞台的路径设计，那么演讲者在舞台上的位置、方向、拾音设备的放置、演讲者的打光、投影仪照射的角度、扩音的效果等，可能就再也不是与你不相关的话题了。这些看似与演讲内容无关的方面，其实会极大地影响演讲内容的传播效果。再优秀的内容，如果不能够以有效的方式表达出来，最终的结果还是不会如人意的。因此，作为一个知识的传播者，学一点基本的舞台美术知识，会对你的演讲与传播效果有意想不到的帮助。说到这里，我想为大家推荐一本书，中文书名叫做《挖掘嗓音的潜力》，译自梅里贝斯·德姆（Meribeth Bunch Dayme）的原作"The Performer's Voice - Realizing Your Vocal Potential"。如果让我选择因为书名而被人误解的著作，梅里贝斯的这本书一定位列前三。这本书不厚，但内容却涵盖了现代教育最为缺乏的对人体姿态的研究，以及姿态与声音、表达、印象和健康之间的关系。其师承"亚历山大技巧"（Alexander Technique）和费尔登克莱斯方法（Feldenkrais Method），兼具普拉提、太极拳、瑜伽、气功和舞蹈对健康完美人体及姿态的理念与实践，是一本极其难得的以科学方法为人类的健康身体和高效表达提出建议的著作。被全球的声乐界称为令人震撼的终极之作。但此书的价值绝不仅限于帮助人们发出优美的声音和优雅的姿态，试想一下，优美的声音和优雅的姿态对于一个演讲者意味着什么？对于一个普通人又意味着什么？我本人也因此书获益良多。还有一个技巧与大家分享，那就是用摄像机将自己的说话、演讲和日常动作记录下来。这是国际上很多大公司培训高管应对公众演讲和媒体采访的必修课。不要小看这么一个简单的方法，对于学习表演艺术的人来说这是家常便饭，但对于没有经历过这种培训的人而言，当第一次在屏幕上亲眼看到自己在镜头下的表现时，其冲击力还是相当大的。当你看到自己在镜头前各种没必要的小动作，不雅观的姿态，谈话中各种习惯性的"嗯呀"时，你就会知道自己的表达能力有多么大的提高空间了。

最后，谈一下提高演讲效果的几个原则：

（1）视频、视频、还是视频。我一般会为一个讲座准备开场、中场和结束三个视频，尤其是开场视频，由于人类感知器官和注意力集中的特点，节目的开始最好要有足够的声音效果把人的注意力拉回现场。由于科技演讲者大部分没有受过表演的培训，无法利用自身的表演技巧把现场观众的注意力集中到你所要开讲的内容，如果能有一个专业制作的开场视频，就能起到事半功倍的效果。视频的长短取决于演讲的长度，如果太长，也要考虑像六七十年代的电影一样有一个中场休息的环节，但你又不想让大家丧失注意力专注的势头，那么一个有趣又相关的视频恰好能够在给大家一个歇息的机会时，润物细无声地将下一环节通过视频的方式做个预告，提起观众的兴趣。有人可能会问,到哪里去找这样的视频？那我的回答就是: 没有捷径，唯有日常积累外加努力搜寻。比如本书开始介绍的世界经济论坛（WEF）的有关工业革命的视频，与本书要讲述的内容几乎绝配,但也就是靠平时不间断地关注偶然获得的。

当然，很多公司自己也会拍摄视频，比如微软公司就有全职的专业团队承担这个任务，同时每隔几年就会由产品经理与业界知名导演、编剧合作，将微软的产品理念和未来路线图以电影艺术的方式展现在用户面前，我在书中介绍的"未来愿景"和"Emma"两个视频就是微软公司自己拍摄的技术与公司理念宣传片。大家可能注意到这两部片的风格更像一部大片，这就是将内容传播当做电影艺术和只是一个公司宣传片的专业性区别了（参见附录图 1 - 图 2）。

（2）纲举而后目张：演讲章节的清晰。明了对于观众注意力的保持和对演讲内容的深刻理解有莫大帮助，而一个表达清晰、简明扼要的章节分篇页可以起到引导观众思路的作用（参见附录图 3－图 7）。

（3）图片与文字并重。有些演讲要么用了一堆关联性不强的图片，要么全是密密麻麻的文字。其实凡事"以中为和"，无论是图片还是文字，都是为演讲主题服务，但在表现手法上，不宜滥。找到一个优质的图片，配以"警世恒言"般的文字，会产生极强的视觉与思想的冲击力（参见附录图 8－图 9）。

（4）少就是多：背景简洁，重点突出。当不容易找到优秀贴切的图片时，也可考虑直接依赖文字取胜。以极简的背景，加上直指人心的文字，同样可以起到很好的效果。所以演讲设计，没有一定之规，唯有效率和效果是检验演讲结果的唯一标准（参见附录图 10－图 1 8）。

（5）"说人话"。人们很容易进入一个误区，就是演讲必须是端起架子的，必须是正正规规的。殊不知，正规的是内容，活泼的是形式。以文字为例，完全可以采取口语化的方式，另一方面拉近与观众的距离，一方面降低观点接受的难度，何乐而不为呢（参见附录图１９－图２８）？

（6）演讲不是单方向的说教，是互动的交流。很多人在讲台上习惯于侃侃而谈，而忽略了与台下听众的互动。当然，对于演讲效果而言，能够做到侃侃而谈是一件好事，但容易失去对现场听众状态的把握。一般的演讲者，无论是个人魅力还是内容表现，应该还做不到电影大片的吸引力。那么当电影大片都会使人走神时，我们如何保证台下的听众会聚精会神地听你的演讲呢？如果没有人专注于你的演讲，那你为什么还要继续讲下去呢？其中时刻了解听众的状态，并且时不时地将听众从"白日梦"中拉回现场，就是一件必须要做的事了。如果有机会聆听受过专业培训人士的讲座，就会发现，一般在其演讲材料中，会在开场、中场或尾声阶段留出互动的环节（具体结构安排需要与演讲目的、内容特点和受众状态相匹配）。一方面让演讲者了解现场听众的需求或状态，另一方面也可以有意识地引导话题的走向。在微软里，受过专门培训的高管大都有一个相同的习惯，就是在问答环节，当台下听众提出问题时，台上的演讲者一般都会向在场的所有听众重复一下这个问题，这样做起码有三个好处：

第一，考虑到发言人的音量高低，房间大小，演讲者务必确保房间内的每一名听众都知道刚才问了什么问题。

第二，演讲者利用复述问题的过程整理一下自己将要回答的思路。

第三，借助复述问题的机会与提问者保持一致的理解。

大家可以看到，仅仅这么一个小的细节，可以反映出多少深思熟虑的过程，这也是我为什么始终强调"凡事都是科学的""凡事都应有专业化的方法来实现"的原因（参见附录图２９－图３０)。

有关演讲的心得体会就先介绍到这里，原则是纲要，无需经常变化；方法则是要与时俱进，随外围环境的变化而随时改变。希望大家能够打开跨学科的视野，做好本职内的工作，并成为一名高效的知识传播者。

HOW CAN EMERGING TECHNOLOGIES TRANSFORM THE WAY WE
GET THINGS DONE 5-10 YEARS IN THE FUTURE?

在今后的5-10年内，新兴技术将会如何改变人类的生活？

KAT

The independent marine biologist for hire

LOLA

The executive searching for an expert for her project

附录图 1

附录图 2

附录图 3

附录图 4

2. 科学技术是第一生产力

附录图5

3. 开启未来大门的钥匙："云、物、大、智"

附录图6

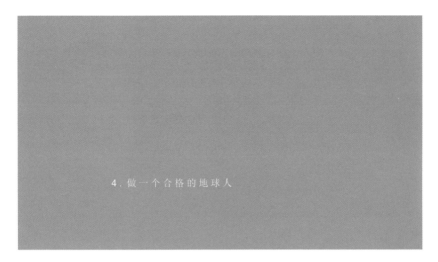

附录图 7

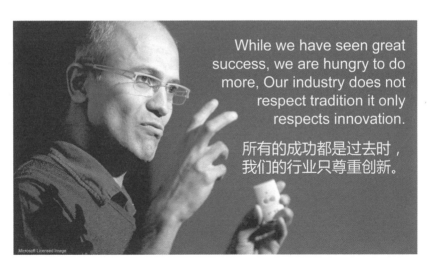

附录图 8

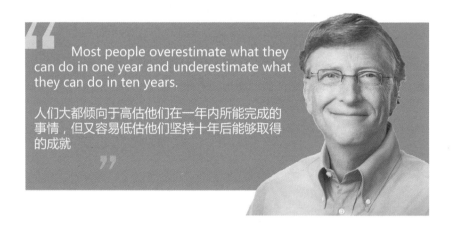

Most people overestimate what they can do in one year and underestimate what they can do in ten years.

人们大都倾向于高估他们在一年内所能完成的事情，但又容易低估他们坚持十年后能够取得的成就

附录图 9

能攻心则反侧自消从古知兵非好战

不审势即宽严皆误后来治蜀要深思

成都武侯祠　清　赵翼

附录图 10

科技发展本质论

附录图 11

每一次工业革命，都是伴随着科技的突破，都是生产力和生产关系的革命。

而每一次工业革命带来的结果，都是**效率**的提高和**成本**的下降。

之所以称其为革命，因为是降维的打击

附录图 12

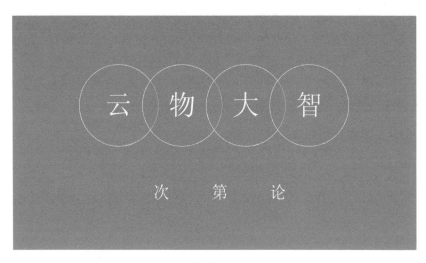

附录图 13

附录图 14

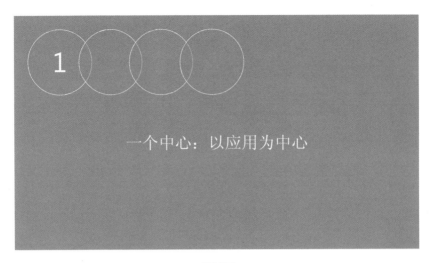

附录图 15

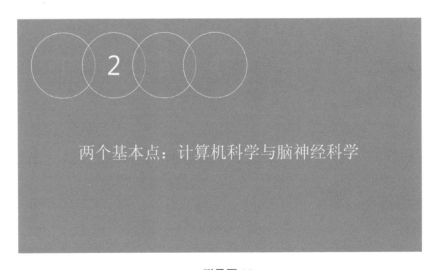

附录图 16

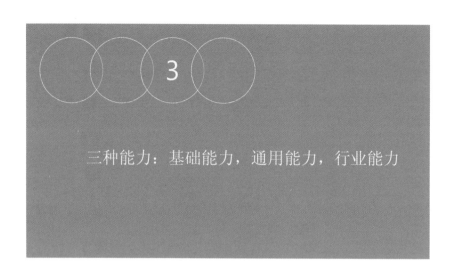

附录图 17

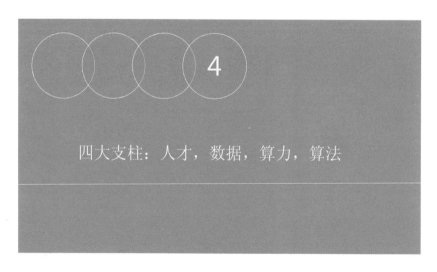

附录图 18

归根结蒂，科技的发展，终应 "**以 人 为 本**"

附录图 19

技术是拿来用的，不是拿来吹的，更不是拿来炒的

附录图 20

转型的方法……

附录图 21

从"我"做起……

附录图 22

以"人"为本……

附录图 23

牢牢抓住抓本质……

附录图 24

路是一步步走出来的……

附录图 25

别听专家忽悠……

附录图 26

预防新迷信的出现……

附录图 27

实业的明天还在实业手中……

附录图 28

附录图 29

1. 为什么会焦虑？

2. 为什么要转型？

3. 我们的下一代会怎样？

附录图 30

在本书行将完稿之际，我的脑海中再次浮现出创作过程中的点点滴滴，同时也深刻感受到了由语言转为理论，再由理论转为文字的艰辛与责任。本书的问世绝非作者个人之力所能完成，而是凝聚了多方力量的支持与贡献。在这里，我想感谢我在微软的领导邹作基先生和滕文先生，没有他们在背后的大力支持，本书是不可能成型的。我还要感谢在庄海欧先生领导下的微软中国公共关系团队，他们的指导和建议使本书大为增色。我在本书有关人工智能的章节中，直接采用了微软亚太研发集团主席暨微软亚洲研究院院长洪小文博士的一篇精彩演讲内容，洪小文博士以人工智能老兵的亲身经验讲解的人工智能发展史极具权威性，也让我学习到很多，在此深表感谢。

在我的培训讲义和本书的成稿过程中，还得到了我的很多同事的无私帮助与协助，恕我在此就不一一说明了。我也要感谢我的家人，在过去的近两年内，我几乎放弃了所有周末和休假时间为本书内容作准备，是我的家人的包容和支持让我得以完成本书的写作。

另外，本书能够顺利完稿，离不开编辑孙洋女士的专业努力，还有陈雪女士，没有你们的鼎力相助，是不可能有今天的结果的。

由于本书中大部分内容来源于我在过去这两年所做的科技培训，因此我最要感谢的，是那些参加过培训的领导和朋友们给我的鼓励与反馈，正是由于这些反馈，使本书的完成过程，能够像现代软件的"敏捷开发"（Agile Development）一样，随时根据用户的需求，不断迭代以臻完善。所以你现在看到的这本书，严格意义而言，是由作者与读者共同完成的。

接下来，我想再与读者们分享一下在本书成书过程中我的一点切身体会。前面已提到，本书主要内容来自我的科技培训教材，成书的过程实际上是一个再创作的过程。但在具体实施中，我花费了大量精力查找资料，确认论点，补齐论据，实在是一个再学习的过程。虽说本书介绍的是最现代的科技，但是我感受最深的，反而是基础教育对人一生的影响。由于书中涵盖的知识面很广，不仅谈及科技，也论及人文，而在讲解科技发展的历史时，经常要回到计算机与通讯技术发展的最早期阶段才能将脉络缕清，其中的知识覆盖面，大都要溯源回大学甚至中学的教材，使得我仿佛又把学校教育重温一遍。我相信很多读者会有同感，越是基础的知识，就越是简明的，但也越是难以掌握的。我经常回想起爱德华·德·波诺（Edward de Bono）博士在他的《简化》（Simplicity）书中的一句名言："简化并不简单！"（Simplicity Is Not Simple！）的确，要把一件事情说得简单明了，看似平淡，但相比于把一件事情说得复杂玄虚、天花乱坠要困难许多。虽然这个目标很难实现，在创作的过程中我还是亲身体会到基础知识的牢固掌握，对于高效学习与工作的重要性。之所以与读者们分享这一体会，也是基于我在日常工作与学习过程中的感受与观察。由于现代社会科技发展造成的新兴知识层出不穷，会让人产生目不暇接的感觉，但细究来看，其实很多所谓的新兴知识大多是过去几十年科技发展的融合，而不是革命性的创造。因此，要想有效地理解并掌握这种科技发展的脉络，对各门学科的基础知识掌握得越扎实，效果越好。因此，无论你现在处于职业生涯的何种阶段，如果有人建议你再把大学课本重读一遍，在你直接撇撇嘴说"不"之前，可能还真的要认真考虑一下这个建议。

在此，我还要向大家介绍一本对我影响深远的一本书，书名是《微软团队成功秘诀》，英文原名是"Dynamics Of Software Development"。这本书最早出版于 1995 年，中文版出版于 1999 年，之后在 2006 年本书的修订版又于美国再版发行。作者吉姆·麦卡锡（Jim McCarthy）是一名软件天才，自 1976 年就开始从事软件行业。吉姆年轻时经常开着旅行车，带着电脑加上 BDS C 编译器，和几本很少人能看得懂的计算机专著，比如可以和爱因斯坦、狄拉克和费曼比肩的唐纳德·克努特的《计算机程序设计的艺术》，隐居到森林里几个星期，不眠不休地工作，试图研究出"真正的程序语言"。

这本书的出版年份看起来有点老，但十年后的再版说明了它持久的魅力，书中充满睿智的话语，但全书当时最让我惊奇的是他在书的最后对软件工程师的知识结构建议。吉姆并没有特别强调跟计算机程序相关的书籍，反而介绍人们去读弗洛伊德的心理学，达尔文的《物种起源》，理查德·道金斯的《自私的基因》，还有莎士比亚的著作，他甚至说，《仲夏夜之梦》与软件开发没有本质的不同。他还专门强调艺术、美学、历史与电影对软件开发的重要性，最后的结论是：如果你不想追寻更多的灵感来源，可以继续埋头做软件，但你没有新的源泉注入是别想有杰作出现的。

吉姆的观点对我的科技观影响深远。在随后的十几年里，我越来越体会到他的建议的深刻内涵。其实人类现在对于人工智能的追求，其本质就是在虚拟空间内重塑现实世界，就像数字孪生（Digital Twins）的词汇本意。那么我们有理由相信，在数字化虚拟空间中，会重新演绎人类过去几千年的历史。有鉴于此，也允许我根据我的体会，简单列出几本书籍供大家参考。

吉姆·麦卡锡的《微软团队成功秘诀》是我强力推荐的，不要被书名误导，这是一本有关领导力、管理、人性、哲学与艺术的智慧之书，可以用于软件开发，也可以用于其他很多方面。当然介绍了吉姆的书，也就把他介绍的书捎带上了，具体书名我在前面已有说明。

另外，关于数字化转型，微软公司 CEO 萨提亚·纳德拉出版的新书《刷新》（Hit Refresh）很值得借鉴。另外有一本不是非常流行，也是由微软员工刘未鹏根据他的知名博客内容写就的《暗时间》，充满了一个科技人士的深思，他的博客中有非常多的读书推荐，很值得一看，他的博客网址是 mindhacks.cn。

通过阅读本书，读者可能也感受到了学会思考的重要性，除了读者可以从网上搜索"科学方法"自行学习外，爱德华·德·波诺（Edward de Bono）博士的《教孩子思考》（Teach Your Child How To Think）虽不如《横向思考》和《六项思考帽》有名，但却是集大成者，非常适合现代极度繁忙的人士快速掌握其精要。

学会更有效的理念传播，就像微软的沈向洋博士在十多年前就已指出的一样，是有与无的差别（要么演讲，要么投降）。除了已经介绍过的《说服》（Presenting To Win）外，业界还有一个不传之秘，就是跨界向电影业学习，其中被英国卫报称为

"亚里士多德后最有影响力的讲故事理论家"罗伯特·麦基的《故事》，将会是伴随你一生的读物。

理解人类史对于理解科技的发展史至关重要，除了《史记》《资治通鉴》这类历史参考书外，古希腊历史学家普鲁塔克的《希腊罗马名人传》也值得借鉴，当然，吉本的《罗马帝国衰亡史》也完全可以看做是各大科技帝国兴衰的写照。

如果希望对人工智能的历史有一个更为全面的认知，尼克写的《人工智能简史》会是不错的选择，另外对于越来越热门的量子计算，我倒是建议读者可以先把最基本的量子物理做个初步了解，这方面可考虑一本老书，由湖南科学技术出版社出版的《新量子世界》，作者是英国的安东尼·黑与帕特里克·沃尔特斯，其开宗明义的第一句话引用了理查德·费曼的话："……我想我可以相当有把握地说，没有人理解量子力学"这不妨为量子计算的发展做了个有趣的注解。

就像我在书中一直推广的"知行合一"的主张以及对基础知识的重视，如果要理解人工智能，就离不开对"硅基"大脑运行机制的理解，而最深刻的理解，不如自制一台最基本的CPU。正好，国内有两本介绍如何自制CPU的教程可供大家参考，一本是姜泳江著的《自己设计制作 CPU 和单片机》，还有一本日本水头一寿等人著、赵谦翻译的《CPU 自制入门》都是很好的入门书籍。

最后，我衷心希望本书能够帮助亲爱的读者更深刻地理解我们所处的时代特征和更从容地迎接即将来临的智能社会，如能达此目的我将倍感荣幸。

谢谢大家！

韦 青

2018 年 4 月 2 日